SHUIXING GONGYE TULIAO
PEIFANG YU ZHIBEI

水性工业涂料
配方与制备

李东光　主编

化学工业出版社
·北京·

《水性工业涂料配方与制备》一书精选了136种水性工业涂料制备实例，包括阻燃、防锈、耐腐蚀等绿色环保型产品，详细介绍了产品的原料配比、制备方法、应用和特性等内容，实用性强。

本书可供涂料生产、研发、应用等领域的人员参考，也可供大中专院校师生参考使用。

图书在版编目（CIP）数据

水性工业涂料配方与制备 / 李东光主编 .—北京：化学工业出版社，2020.1（2023.9重印）

ISBN 978-7-122-35887-5

Ⅰ. ①水… Ⅱ. ①李… Ⅲ. ①水性漆—配方 ②水性漆—制备 Ⅳ. ① TQ637

中国版本图书馆 CIP 数据核字（2019）第 298066 号

责任编辑：张 艳 刘 军

责任校对：李雨晴　　装帧设计：王晓宇

出版发行：化学工业出版社（北京市东城区青年湖南街 13 号 邮政编码 100011）

印 装：北京天宇星印刷厂

710mm×1000mm 1/16 印张 12 字数 269 千字 2023 年 9 月北京第 1 版第 4 次印刷

购书咨询：010-64518888 售后服务：010-64518899

网 址：http://www.cip.com.cn

凡购买本书，如有缺损质量问题，本社销售中心负责调换。

定 价：58.00 元

前言

水性工业涂料由水性树脂、颜料及各种助剂、水调制而成，它以水为分散介质，不燃，不含甲苯、二甲苯等苯系物，VOC（挥发性有机化合物）量符合国家强制标准要求，无刺激性气味，无毒无害，对环境无污染，属于环境友好型涂料。其主要用于工业设备、交通工具和民用产品中金属底材以及钢材表面的保护涂饰。

水性工业涂料的优点如下。

（1）防腐性能优异：涂层厚度达到100μm 时，耐盐雾指标能达到1000h，相较于溶剂型涂料 120μm 的薄厚，可降低直接材料用量。

（2）安全环保：以水为溶剂，VOC 含量已降至60g/L 以下；不含任何重金属，完全符合节能、减排的要求；极大地降低了对环境的污染和对操作者身体健康的伤害。

（3）易干快干：具有良好的自干性能，在环境温度超过15℃时，无需烘烤即可固化成膜。

（4）易修复：漆膜密度高，遇到机械损伤后其锈蚀范围不易扩散。

（5）配套性好：具有良好的配套性能，能和所有溶剂型涂料配套，也能被所有溶剂型涂料覆盖。

水性工业涂料的缺点如下。

（1）因水的表面张力大，水性工业涂料施工过程中对材质表面清洁度要求高，污物易使涂膜产生缩孔。对强机械剪切力的稳定性较差，输送管道内的流速急剧变化时，分散微粒被压缩成固态微粒，使涂膜产生麻点。要求输送管道形状良好，管壁无缺陷。需采用防腐蚀衬里或不锈钢材料，设备造价高。

（2）烘烤型水性工业涂料对施工环境条件（温度、湿度）要求较严格，增加了调温调湿设备的投入，同时也增大了能耗。存储必须在 5 ~30℃范围内，低了会冻坏，高了会增稠。已稀释的水性涂料的保质期会缩短。

水性工业涂料虽然存在一些技术难题，但通过配方及涂装工艺和设备等几方面技术的不断提高，存在的问题是可以得到预防和解决的。

近年来我国水性工业涂料在市场中占据的份额越来越大，随着国家环保法规的日益完善、涂料企业和公众对环保意识的日益增强，发展水性等环保涂料已势在必行。传统的建筑涂料、油性漆水性化已普及，目前水性工业涂料技术日趋成熟，开始逐步向汽车、集装箱、工程机械等领域推广应用，水性工业涂料已经成为涂料行业发展的新趋势。

为了满足市场需求，应化学工业出版社的邀请编写了这本《水性工业涂料配方与制备》，书中收集了 136 种水性工业涂料制备实例，详细介绍了产品的原料配比、制备方法、应用和特性，旨在为水性工业涂料的发展尽点微薄之力。

本书的配方以质量份表示，在配方中有注明以体积份表示的情况下，需注意质量份与体积份的对应关系，例如质量份以 g 为单位时，对应的体积份是 mL，质量份以 kg 为单位时，对应的体积份是 L，以此类推。

本书由李东光主编，参加编写的还有翟怀凤、李桂芝、吴宪民、吴慧芳、蒋永波、邢胜利、李嘉等，由于编者水平有限，疏漏和不妥之处在所难免，请读者使用过程中发现问题及时指正。

主编 Email：ldguang@163. com

主编

2019 年 10 月

目录

一、水性金属防护涂料

配方1　泵阀用散热性良好的水性防锈涂料

原料配比

原料	配比（质量份）
甲基丙烯酸甲酯	65
苯乙烯	60
过硫酸铵	0.5
磷酸酯单体	4
水	20
SDS	2
玻璃鳞片	35
硅烷偶联剂 KH-560	1
75% 乙醇	30
10% 氢氧化钠溶液	40
异丙醇	2
邻苯二酚	3
烷基酚聚氧乙烯醇	0.7
磷酸锌	3
氮化铝	12
导热硅脂	3
氧化锌	10
二甲基硅油	1.5
水	加至1000

制备方法

（1）将水与SDS混合，放入反应釜中，边搅拌边升温至70~80℃，然后加入一半量的甲基丙烯酸甲酯、苯乙烯以及过硫酸铵，恒温搅拌30~40min后继续加入剩余量的甲基丙烯酸甲酯、苯乙烯以及磷酸酯单体，保温2~3h，得到含磷酸酯的丙烯酸乳液。

（2）将玻璃鳞片粉碎，过100目筛，然后将其置于10%氢氧化钠溶液中浸泡30~40min，过滤，用水洗至中性待用；将硅烷偶联剂KH-560与75%乙醇混合形成溶液，将上述碱处理后的玻璃鳞片置于其中，均匀搅拌30~40min，过滤后在烘箱中以80~90℃的温度干燥2~2.5h，得到表面改性玻璃鳞片。

（3）将烷基酚聚氧乙烯醇与二甲基硅油混合，加入总量20~22倍量的水，搅拌分散均匀后加入氮化铝和氧化锌，以600r/min的速度搅拌30~40min后，继续加入异丙醇、邻苯二酚，提速至2000r/min，搅拌10~20min后加入磷酸锌，继续搅拌，直到浆料细度小于45μm，得到混合浆料。

（4）最后将步骤（1）得到的含磷酸酯的丙烯酸乳液与步骤（3）得到的混合浆料混合，加入其余剩余成分，以600r/min的速度搅拌均匀即得。

产品应用 本品主要用作泵阀用散热性良好的水性防锈涂料。

产品特性

（1）本产品首先在丙烯酸乳液的配制过程中添加适量的磷酸酯单体，不仅可以提高乳液的稳定性，而且可与底材形成致密的磷化膜，提高附着力的同时，提高了防腐蚀性能；本产品添加适量的异丙醇、邻苯二酚作为转锈剂，渗透性好，能够与泵阀表面的浮锈发生反应；本产品还在涂料的配制过程中添加了表面改性的玻璃鳞片，能够均匀地分散在涂料中，大大延长介质渗透的时间，相应提高涂层的抗渗透性能，延长其耐蚀寿命。本产品通过添加多重防腐蚀的功能原料与丙烯酸乳液配合，制成的涂料具备良好的防腐效果，同时成本低，无VOC（挥发性有机化合物）释放，安全环保。

（2）本产品添加氮化铝、氧化锌等成分，通过一系列的工艺改性添加到涂料中，具有良好的辐射散热效果，配合导热硅脂的添加，进一步提高了散热效率。本产品制成的涂料通过喷涂在泵阀材料表面，能够缓解工作带来的高温影响，散热效果佳，同时涂层力学性能好，不易脱落，延长了设备使用寿命。

配方2 泵阀用新型带锈防锈水性丙烯酸涂料

原料配比

原料	配比（质量份）
甲基丙烯酸甲酯	65
苯乙烯	60
过硫酸铵	0.5
磷酸酯单体	4
水	20
SDS	2
玻璃鳞片	35
硅烷偶联剂KH-560	1
75%乙醇	30
10%氢氧化钠溶液	40
异丙醇	2
邻苯二酚	3
云母氧化铁	20
钛白粉	18
醇酯十二	1.5
乳化硅油	1
明胶	1.2
硫脲	0.2
氧化石蜡	0.3
水	加至1000

制备方法

（1）将水与SDS混合，放入反应釜中，边搅拌边升温至70～80℃，然后加入一半量的甲基丙烯酸甲酯、苯乙烯以及过硫酸铵，恒温搅拌30～40min后继续加入剩余量的甲基丙烯酸甲酯、苯乙烯以及磷酸酯单体，保温2～3h，得到含磷酸酯的丙烯酸乳液。

（2）将玻璃鳞片粉碎，过100目筛，然后将其置于10%氢氧化钠溶液中浸泡30～40min，过滤，用水洗至中性待用；将硅烷偶联剂KH－560与75%乙醇混合形成溶液，将上述碱处理后的玻璃鳞片置于其中，均匀搅拌30～40min，过滤后在烘箱中以80～90℃的温度干燥2～2.5h，得到表面改性玻璃鳞片。

（3）在云母氧化铁、钛白粉中加入等量的水，放入球磨机中球磨10～20min后加入一半量的乳化硅油，继续球磨20～30min后放入搅拌釜中，加入总量1.5～2倍量的水，以300～400r/min的速度搅拌20～30min后，继续加入异丙醇、邻苯二酚、明胶，搅拌分散均匀，然后加入硫脲、氧化石蜡，在2000r/min的速度下搅拌，直到浆料细度小于45μm，得到混合浆料。

（4）最后将步骤（1）得到的含磷酸酯的丙烯酸乳液与步骤（3）得到的混合浆料混合，加入剩余量的乳化硅油以及其余剩余成分，以600r/min的速度搅拌均匀即得。

产品应用 本品主要用于泵阀的防锈处理或者已经生锈的泵阀处理，直接涂刷即可，操作简单、高效。

产品特性

（1）本产品首先在丙烯酸乳液的配制过程中添加适量的磷酸酯单体，不仅可以提高乳液的稳定性，而且可与底材形成致密的磷化膜，提高附着力的同时，提高了防腐蚀性能；本产品添加适量的异丙醇、邻苯二酚作为转锈剂，渗透性好，能够与泵阀表面的浮锈发生反应；本产品还在涂料的配制过程中添加了表面改性的玻璃鳞片，能够均匀地分散在涂料中，大大延长介质渗透的时间，相应提高涂层的抗渗透性能，延长其耐蚀寿命。本产品通过添加多重防腐蚀的功能原料与丙烯酸乳液配合，制成的涂料具备良好的防腐效果，同时成本低，无VOC释放，安全环保。

（2）本产品在涂料的制备中添加了云母氧化铁、硫脲、氧化石蜡等成分，相互配合，进一步提高了涂料的防腐性能。本产品制成的涂料具有极佳的成膜性、耐久性。

配方3 泵阀用综合性能高的水性丙烯酸涂料

原料配比

原料	配比（质量份）
甲基丙烯酸甲酯	65
苯乙烯	60
过硫酸铵	0.5
磷酸酯单体	4
水	20
SDS	2
玻璃鳞片	35
硅烷偶联剂KH－560	1

续表

原料	配比（质量份）
75%乙醇	30
10%氢氧化钠溶液	40
异丙醇	2
邻苯二酚	3
钼酸铵	2
硝基纤维素	4
硅藻土	19
丙三醇三缩水甘油醚	1
锌粉	6
硅酸钠	2
水	加至1000

制备方法

（1）将水与SDS混合，放入反应釜中，边搅拌边升温至70～80℃，然后加入一半量的甲基丙烯酸甲酯、苯乙烯以及过硫酸铵，恒温搅拌30～40min后继续加入剩余量的甲基丙烯酸甲酯、苯乙烯以及磷酸酯单体，保温2～3h，得到含磷酸酯的丙烯酸乳液。

（2）将玻璃鳞片粉碎，过100目筛，然后将其置于10%氢氧化钠溶液中浸泡30～40min，过滤，用水洗至中性待用；将硅烷偶联剂KH－560与75%乙醇混合形成溶液，将上述碱处理后的玻璃鳞片置于其中，均匀搅拌30～40min，过滤后在烘箱中以80～90℃的温度干燥2～2.5h，得到表面改性玻璃鳞片。

（3）将硅酸钠、硝基纤维素混合，加入总量15～17倍量的水中，以600r/min的速度搅拌分散均匀，继续加入硅藻土、锌粉、钼酸铵，继续搅拌50～60min，然后加入异丙醇、邻苯二酚，在2000r/min的速度下搅拌，直到浆料细度小于45μm，得到混合浆料。

（4）最后将步骤（1）得到的含磷酸酯的丙烯酸乳液与步骤（3）得到的混合浆料混合，加入其余剩余成分，以600r/min的速度搅拌均匀即得。

产品应用 本品主要用作泵阀器材表面的泵阀用综合性能高的水性丙烯酸涂料。

产品特性

（1）本产品首先在丙烯酸乳液的配制过程中添加适量的磷酸酯单体，不仅可以提高乳液的稳定性，而且可与底材形成致密的磷化膜，提高附着力的同时，提高了防腐蚀性能；本产品添加适量的异丙醇、邻苯二酚作为转锈剂，渗透性好，能够与泵阀表面的浮锈发生反应；本产品还在涂料的配制过程中添加了表面改性的玻璃鳞片，能够均匀地分散在涂料中，大大延长介质渗透的途径和时间，相应提高涂层的抗渗透性能及耐蚀寿命。本产品通过添加多重防腐蚀的功能原料与丙烯酸乳液配合，制成的涂料具备良好的防腐效果，同时成本低，无VOC释放，安全环保。

（2）本产品采用环保配方，原料易得，工艺便于工业控制，制成的涂料用于泵阀器材表面时，附着力、防腐性等综合性能优良，完全能替代喷砂、抛丸的涂装前处理工艺，对已生锈的未经预处理的钢铁表面提供长久高效的保护。

配方 4 泵阀专用抗菌防霉的水性带锈防锈涂料

原料配比

原料	配比（质量份）
甲基丙烯酸甲酯	65
苯乙烯	60
过硫酸铵	0.5
磷酸酯单体	4
水	20
SDS	2
玻璃鳞片	35
硅烷偶联剂 KH-560	1
75%乙醇	30
10%氢氧化钠溶液	40
异丙醇	2
邻苯二酚	3
纳米氧化锌	9
富马酸二甲酯	1
无水乙醇	2
纳米磷酸锆载银抗菌剂	3
石油磺酸钠	1.5
碳酸钙	19
水	加至1000

制备方法

（1）将水与 SDS 混合，放入反应釜中，边搅拌边升温至 70～80℃，然后加入一半量的甲基丙烯酸甲酯、苯乙烯以及过硫酸铵，恒温搅拌 30～40min 后继续加入剩余量的甲基丙烯酸甲酯、苯乙烯以及磷酸酯单体，保温 2～3h，得到含磷酸酯的丙烯酸乳液。

（2）将玻璃鳞片粉碎，过 100 目筛，然后将其置于 10% 氢氧化钠溶液中浸泡 30～40min，过滤，用水洗至中性待用；将硅烷偶联剂 KH-560 与浓度为 75% 的乙醇混合形成溶液，将上述碱处理后的玻璃鳞片置于其中，均匀搅拌 30～40min，过滤后在烘箱中以 80～90℃的温度干燥 2～2.5h，得到表面改性玻璃鳞片。

（3）将富马酸二甲酯溶于无水乙醇中，形成溶液；将纳米磷酸锆载银抗菌剂加入 15～17 倍量的水中，搅拌分散均匀后与上述溶液混合，搅拌分散均匀后加入碳酸钙、纳米氧化锌，以 600r/min 的速度搅拌 30～45min，继续加入异丙醇、邻苯二酚，提速至 2000r/min 继续搅拌，直到浆料细度小于 45μm，得到混合浆料。

（4）最后将步骤（1）得到的含磷酸酯的丙烯酸乳液与步骤（3）得到的混合浆料混合，加入其余剩余成分，以 600r/min 的速度搅拌均匀即得。

产品应用 本品主要用作泵阀专用的抗菌防霉的水性带锈防锈涂料。

产品特性

（1）本产品首先在丙烯酸乳液的配制过程中添加适量的磷酸酯单体，不仅可以提高乳液的稳定性，而且可与底材形成致密的磷化膜，提高附着力的同时，提高了防腐蚀性能；本产品添加适量的异丙醇、邻苯二酚作为转锈剂，渗透性好，能够与泵阀表面的浮锈发生反应；本产品还在涂料的配制过程中添加了表面改性的玻璃鳞片，能够均匀地分散在涂料中，大大延长介质渗透的途径和时间，相应提高涂层的抗渗透性能，延长其耐蚀寿命。本产品通过添加多重防腐蚀的功能原料与丙烯酸乳液配合，制成的涂料具备良好的防腐效果，同时成本低，无 VOC 释放，安全环保。

（2）本产品在配方中添加纳米磷酸锆载银抗菌剂、富马酸二甲酯等抗菌防霉成分，配合丙烯酸树脂基料等成分，可隔绝空气中的氧和水汽，用于泵阀材料可以直接喷涂，不需要对基材表面进行处理，处理工艺简单，涂料抗菌防霉性能优异，适合潮湿环境中的泵阀使用。

配方 5 泵阀专用耐寒型水性防锈涂料

原料配比

原料	配比/（g/L）
甲基丙烯酸甲酯	65
苯乙烯	60
过硫酸铵	0.5
磷酸酯单体	4
水	20
SDS	2
玻璃鳞片	35
硅烷偶联剂 KH-560	1
75%乙醇	30
10%氢氧化钠溶液	40
异丙醇	2
邻苯二酚	3
聚乙烯醇蓖麻油	2
绢云母	12
轻质碳酸钙	18
硬脂酸锌	2
三甘醇二异辛酸酯	3
白乳胶	6
水	加至 1L

制备方法

（1）将水与 SDS 混合，放入反应釜中，边搅拌边升温至 70～80℃，然后加入一半量的甲基丙烯酸甲酯、苯乙烯以及过硫酸铵，恒温搅拌 30～40min 后继续加入剩余量的甲基丙烯酸甲酯、苯乙烯以及磷酸酯单体，保温2～3h，得到含磷酸酯的丙烯酸乳液。

（2）将玻璃鳞片粉碎，过100目筛，然后将其置于10%氢氧化钠溶液中浸泡30～40min，过滤，用水洗至中性待用；将硅烷偶联剂KH－560与75%乙醇混合形成溶液，将上述碱处理后的玻璃鳞片置于其中，均匀搅拌30～40min，过滤后在烘箱中以80～90℃的温度干燥2～2.5h，得到表面改性玻璃鳞片。

（3）将绢云母与轻质碳酸钙放入粉碎机粉碎，过200目筛，得到混合粉末；将三甘醇二异辛酸酯与白乳胶混合，以300r/min的速度搅拌30～40min后用4～5倍量的水稀释，继续搅拌分散均匀，然后加入上述混合粉末，以600r/min的速度搅拌40～50min，然后加入异丙醇、邻苯二酚，提速至2000r/min继续搅拌，直到浆料细度小于45μm，得到混合浆料。

（4）最后将步骤（1）得到的含磷酸酯的丙烯酸乳液与步骤（3）得到的混合浆料混合，加入其余剩余成分，以600r/min的速度搅拌均匀即得。

产品应用 本品主要用作泵阀专用的耐寒型水性防锈涂料。

产品特性

（1）本产品首先在丙烯酸乳液的配制过程中添加适量的磷酸酯单体，不仅可以提高乳液的稳定性，而且可与底材形成致密的磷化膜，提高附着力的同时，提高了防腐蚀性能；本产品添加适量的异丙醇、邻苯二酚作为转锈剂，渗透性好，能够与泵阀表面的浮锈发生反应；本产品还在涂料的配制过程中添加了表面改性的玻璃鳞片，能够均匀地分散在涂料中，大大延长介质渗透的途径和时间，相应提高涂层的抗渗透性能，延长其耐蚀寿命。本产品通过添加多重防腐蚀的功能原料与丙烯酸乳液配合，制成的涂料具备良好的防腐效果，同时成本低，无VOC释放，安全环保。

（2）本产品通过添加三甘醇二异辛酸酯，配合丙烯酸树脂基料，可以提高涂料的耐寒性、耐久性；本产品配方合理，原料简单易得，耐寒性能佳，适合严寒地区的泵阀器材的防锈，涂膜不易开裂，柔韧性佳，经久耐用。

配方6 多功能水性金属闪光涂料

原料配比

原料	配比（质量份）	
	1#	2#
固含量为40%的羟基丙烯酸乳液	50	—
固含量为45%的羟基丙烯酸乳液	—	60
全甲醚化水性氨基树脂	25	40
水性聚氨酯分散体	10	16
乙酸丁酸羧甲基纤维素	5	10
纤维素酯分散体	8	15
二羟甲基丙酸	3	5
三乙醇胺	5	8
水性铝粉	10	15
纳米二氧化钛	1	2

续表

原料		配比（质量份）	
		1#	2#
纳米二氧化硅		3	5
成膜助剂		2	5
触变剂		5	8
防沉剂		0.5	1
水		30	50
触变剂	无机增稠剂	1	3
	聚醚蜡	2	5

制备方法 将各组分原料混合均匀即可。

产品应用 本品主要用于水性静电喷涂系统的自动喷涂作业。

多功能水性金属闪光涂料的涂装方法，包括如下步骤：

（1）底材前处理：先后用酒精、丙酮和清水清洗待涂装的底材的表面，以去除油污；然后将底材用热风吹干。所述热风温度为50～60℃。

（2）喷涂底漆：向步骤（1）中前处理后的底材表面均匀喷涂一层底漆。

（3）底漆闪干：将喷涂底漆后的底材置入干燥箱内，在一定温度下预干燥处理。所述预干燥温度为65～75℃，时间为15～20min。

（4）喷涂水性金属闪光涂料：采用水性静电喷涂系统，在持续热风喷吹的条件下，向步骤（3）中闪干处理后的底材的底漆上均匀涂覆多功能水性金属闪光涂料，然后静置流平10～15min。所述热风喷吹的工艺条件为：温度65～75℃，风速2～5m/min，湿度50%以下。

（5）烘烤：将步骤（4）中喷涂后的底材置入程序烘干箱内，以阶梯式加热方式烘烤固化，即在底材表面形成涂装后的水性金属闪光涂料。所述阶梯式的加热方式为：先以10～20℃/min的速率升温至80℃，恒温1～3min，然后再以15～25℃/min的速率升温至180℃，恒温保持30～45min。

产品特性 本产品是一种多功能水性金属闪光涂料，其以触变性指数为2.8～3.4的水性金属闪光涂料为材料，通过底漆闪干、专用的水性静电喷涂系统，采用面漆阶梯式烘烤固化的方式完成对底材的涂装工作，工艺简单，操作方便，所得涂装后的涂料外观平整、光亮，综合性能优异。

配方7 改性硅溶胶水性可剥离涂料

原料配比

原料		配比（质量份）		
		1#	2#	3#
偶联剂溶液	3-氨基丙基三乙氧基硅烷	1	1.5	2
	无水乙醇	50（体积份）	80（体积份）	100（体积份）
碱性硅溶胶		300（体积份）	350	400
改性硅溶胶和聚氨酯乳液按体积比		2:3	2:3	2:3

续表

原料		配比（质量份）		
		1#	2#	3#
水		100（体积份）	130（体积份）	150（体积份）
润湿分散剂	十二烷基苯磺酸钠	1	1.5	2
消泡剂	聚醚改性有机硅	0.5	1	1.5
增稠剂	羟丙基甲基纤维素	0.2	0.8	1.2
无机填料	滑石粉	5	10	15
流平剂	聚乙烯醇	2	3	5
剥离剂	聚硅氧烷	5	8	10

制备方法

（1）称取1～2g 3－氨基丙基三乙氧基硅烷，溶于50～100mL无水乙醇中，搅拌均匀制得偶联剂溶液；

（2）量取300～400mL碱性硅溶胶倒入装有回流装置和搅拌器的三口烧瓶中，启动搅拌器，以200～300r/min的转速进行搅拌，在搅拌的状态下将上述制得的偶联剂溶液逐滴加入碱性硅溶胶溶液中，控制滴加速度，使其在30～40min内滴完；

（3）滴加完成后，将三口烧瓶移入水浴锅，升温至50～60℃，保温搅拌5～7h后，静置陈化12～18h，即得改性硅溶胶；

（4）将上述制得的改性硅溶胶和聚氨酯乳液按体积比为2∶3倒入1000mL烧杯中，放置在磁力搅拌机上以100～200r/min的转速低速搅拌1～2h，使其充分混合均匀，制得混合乳液；

（5）向500mL烧杯中加入100～150mL水，之后放置在慢速搅拌机上，以150～200r/min的转速低速搅拌，并边搅拌边向其中加入1～2g润湿分散剂、0.5～1.5g消泡剂和0.2～1.2g增稠剂，继续低速搅拌5～10min使各种助剂混合均匀，得混合液；

（6）向上述混合液中加入5～15g滑石粉作为无机填料，于高速搅拌机上，在500～600r/min的转速下高速搅拌均匀得到填料分散液，之后降低搅拌速度至200～300r/min，将上述制得混合乳液加入填料分散液中，保持转速继续搅拌10～15min；

（7）最后将烧杯放入水浴锅，升温至30～40℃，加入2～5g流平剂和5～10g剥离剂，用玻璃棒缓慢搅拌10～15min，即可制得一种改性硅溶胶水性可剥离涂料。

产品应用 本品主要是一种改性硅溶胶水性可剥离涂料。

应用方法：将本产品制得的水性可剥离涂料通过刷涂、喷涂或者滚涂等方式应用到金属、塑料或者涂料表面，涂膜在室温通风环境下静置自干，表干时间20～35min，实干时间2～3h，干燥后即形成保护膜。该涂料干膜厚度为0.08～0.09mm时，涂膜平均拉伸强度达到10MPa，平均断裂伸长率达到350%，当需要剥离时，对其喷洒水后润湿3～5min后即可剥落。

产品特性

（1）本产品所制备的水性可剥离涂料性能稳定，干膜厚度小于0.1mm即可完整剥离，比市面上同类产品所需剥离厚度低，节省了涂料，涂膜拉伸强度和断裂伸长率较高，性能优于同类产品。

（2）本产品所制备的水性可剥离涂料以水性聚氨酯乳液和改性硅溶胶按一定配比复配而成，并使用价格低廉的无机填料，因此生产成本相对较低，同时提高了涂膜的耐水性、耐溶剂性、抗粘连性、耐热性以及涂膜硬度。

配方 8 改性水性聚苯胺环氧树脂涂料

原料配比

原料	配比（质量份）		
	1#	2#	3#
环氧树脂	36	45	38
盐酸	12	20	15
苯胺	6	15	9
过硫酸铵	18	30	20
丙烯酸	9	26	10
十二烷基苯磺酸	2	11	8
聚酰胺树脂	6	17	9
N-甲基烯丙基胺	25	45	27
二乙醇胺	22	40	30

制备方法

（1）制备水性环氧树脂溶液：在烧瓶中，依次加入环氧树脂、助溶剂和阻聚剂，加热升温至40℃，通入氮气，滴加*N*-甲基烯丙基胺，滴加温度为40～45℃、时间为45～60min，将产物降温至40℃，滴加二乙醇胺，滴加温度在40～45℃、时间为75～90min，加入丙烯酸并搅拌，中和至pH值为6.5，并加入一定量的水稀释，温度为16～20℃。

（2）制备改性固化剂：在稀盐酸溶液中加入苯胺，滴加过硫酸铵溶液，不断搅拌，在pH值为2～6条件下反应，温度为19～24℃，反应4h。反应完毕后采用砂芯漏斗抽滤，用水洗至滤液呈中性并且无色，在真空条件下干燥24h，温度为60～80℃，得到掺杂态聚苯胺。再用氨水洗涤，脱掺杂，在真空条件下干燥24h，即得到本征态聚苯胺，研碎，样品呈棕色粉末状，密封保存。用十二烷基苯磺酸作为掺杂剂，将其与本征态的聚苯胺溶液掺杂后与聚酰胺树脂溶液混合，搅拌3h，温度为60℃，即得改性的固化剂。

（3）制备涂料：在烧瓶中加入水、润湿剂、分散剂、消泡剂、成膜助剂，搅拌分散6～9min，加入防锈颜料复合铁钛粉、氧化铁红、填料滑石粉，搅拌分散30～35min。加入消泡剂，搅拌6～9min进行消泡，再加入水性环氧树脂，充分混合，搅拌20～30min，然后加入流平剂、缓蚀剂和增稠流变剂，搅拌充分混合均匀，即得水性环氧涂料基本组分；将水性环氧涂料基本组分和改性的固化剂充分混合，熟化15～30min即可使用。

产品应用 本品主要是一种改性水性聚苯胺环氧树脂涂料。

产品特性 本品使用水溶性的氧化还原体系引发双键固化，有效地避免了体系破乳和分层问题。本涂料充分显示了聚苯胺环氧树脂涂料的防腐性能、抗划伤和抗点蚀性等优点。本涂料具有良好的物理、化学性能，对金属和非金属材料的表面具有优异的黏结强度，介电性能良好，变定收缩率小。

配方 9　钢结构双组分水性环氧防腐涂料

原料配比

原料		配比（质量份）		
		1#	2#	3#
A 组分	8537-WY-60 水性环氧固化剂	150	200	225
	水	250	280	220
	铁红	160	160	160
	滑石粉	65	65	60
	沉淀硫酸钡	150	120	120
	低铅磷酸锌	20	25	30
	三聚磷酸铝	30	25	30
	纳米二氧化硅	20	20	20
	醇醚类助剂	5	6	8
	增稠流变剂	5	6	8
	闪蚀抑制剂	5	6	8
	流平剂	2	2	3
B 组分	环氧改性耐高温酚醛树脂	150	180	250
	活性稀释剂	30	50	85
A∶B		5∶1	4∶1	8∶3

制备方法　将各组分原料混合均匀即可。

产品应用　本品主要用作钢结构的双组分水性环氧防腐涂料。

产品特性

（1）通过对双组分水性环氧防腐涂料配方的优化和研究，使其与溶剂型环氧防腐涂料在理化性能、施工适应性、配套性等方面性能相当或接近，优化了其耐盐雾性能、耐冲击性能、干燥速度、附着力、耐溶剂性等性能，延长了钢结构的使用寿命，有效降低了电网维护成本；

（2）优选低铅含量磷酸锌，使研制的双组分水性环氧防腐涂料，既达到了较好的耐盐雾性（500h），又满足了国家强制性标准可溶性重金属的限量要求；

（3）筛选低 VOC 醇醚类助剂等有效地降低了研制产品的 VOC 含量，符合环保要求。

配方 10　钢结构水性防火涂料

原料配比

原料	配比（质量份）		
	1#	2#	3#
丙烯酸弹性乳液	24	26	28
热塑性丙烯酸树脂	12	10	10

续表

原料	配比（质量份）		
	1#	2#	3#
氟硅树脂	8	10	9
己二异氰酸酯	5	4	6
聚乙烯醇三聚氰胺	12	9	11
双氰胺	7	6	7
聚（*N*－异丙基丙烯酰胺）改性氢氧化镁	4	5	5
氯化铅	6	4	5
玻璃鳞片	4	4	5
硅酸钠	3	4	3
轻质碳酸钙	12	10	11
苯乙烯	6	5	7
膨润土	3	2	3
可膨胀石墨	4	3	5
聚乙烯醇	2	2	3
水	80	90	100

制备方法

（1）热塑性丙烯酸树脂的制备：以质量比2:2:2:1混合甲基丙烯酸甲酯、甲基丙烯酸乙酯、甲基丙烯酸丁酯和甲基丙烯酸原料，将混合物加入反应溶剂中，在氮气气氛中130℃下，搅拌的同时滴加引发剂，搅拌速度120～150r/min，滴加完毕后保温回流2h，而后匀速降温，得到热塑性丙烯酸树脂。

（2）按照上述质量份将水、热塑性丙烯酸树脂、氟硅树脂、己二异氰酸酯、硅酸钠加入反应釜中混合，加热至75～80℃，转速150～200r/min，搅拌40～50min，形成乳化液；再加入聚乙烯醇三聚氰胺、双氰胺搅拌均匀，搅拌速度350r/min，搅拌时间30～40min，随后降温至40～50℃，加入可膨胀石墨继续搅拌20～30min。

（3）然后加入剩余的其他原料，加热至60℃，在350r/min的转速下搅拌75min，搅拌速度350r/min，过滤，即得钢结构水性防火涂料。

原料介绍　所述聚（*N*－异丙基丙烯酰胺）改性氢氧化镁的粒径为20～40μm。

所述可膨胀石墨粒径10～30目。

所述膨润土选用801膨润土。

所述聚（*N*－异丙基丙烯酰胺）改性氢氧化镁中改性剂聚（*N*－异丙基丙烯酰胺）的摩尔质量为10000g/mol。

产品应用　本品主要用作钢结构水性防火涂料。

产品特性　本产品具有良好的机械理化性能，在耐火时间、耐冻融循环性、耐暴热性、耐酸碱性等性能方面均比其他现有防火涂料得到明显提高，阻燃效果优异，耐候性好。本防火涂料可持续发挥防火保护作用，增加涂层的阻燃效果和延长涂层的有效防火时间，涂层遇火时能形成具有良好隔热性能的致密的海绵状膨胀泡沫层，能够更好地保护钢结构，环保无毒、工艺简便、成本低，适合工业化生产。

配方 11 钢结构用单组水性丙烯酸涂料

原料配比

原料		配比（质量份）				
		1#	2#	3#	4#	5#
改性丙烯酸酯乳液		25	15	23	20	21
水性环氧酯乳液		10	20	14	17	16
水性萜烯树脂乳液		15	5	12	8	10.6
乙烯－乙酸乙烯酯共聚物乳液		10	18	14	16	15
纳米玻璃空心微珠		15	5	13	10	10.5
纳米二氧化硅		10	16	12	15	13
硅灰石粉		25	10	21	18	20.6
石膏		5	10	6	8	7.5
高岭土		15	5	13	10	11
异噻唑啉酮衍生物		0.2	0.6	0.4	0.52	0.46
羧甲基纤维素钠		5	1	3.5	2	3.1
钛酸酯偶联剂		1	5	2	3.6	3.2
乙氧基化烷基酚硫酸铵		2	1	1.5	1.2	1.3
丙二醇丁醚		20	35	30	33	31
防老剂 2,6－二叔丁基－4－甲基苯酚		2	1	1.8	1.5	1.75
水性催干剂		2	3	2.2	2.8	2.6
醚改性有机硅类消泡剂		1	2	1.2	1.6	1.4
改性丙烯酸酯乳液	丙烯酸酯乳液	—	—	55	40	46
	纳米二氧化硅	—	—	5	15	12
	水	—	—	20	10	16
	硅烷偶联剂	—	—	2	4	3.2
	阴离子聚丙烯酰胺	—	—	5	2	3.5

制备方法 将各组分原料混合均匀即可。

原料介绍 所述改性丙烯酸酯乳液采用如下工艺制备：按质量份将 40～55 份丙烯酸酯乳液、5～15 份纳米二氧化硅、10～20 份水置于反应器中，在 65～70℃下进行搅拌，搅拌速度为 200～350r/min，加入 2～4 份硅烷偶联剂、2～5 份阴离子聚丙烯酰胺搅拌，搅拌温度 85～95℃，搅拌时间为 10～20min，得到改性丙烯酸酯乳液。

产品应用 本品主要应用于大型厂房、场馆、超高层等领域。

产品特性

（1）本产品中，改性丙烯酸酯乳液与水性环氧酯乳液、水性萜烯树脂乳液、乙烯－乙酸乙烯酯共聚物乳液协同作用作为基材，各组分内部含有大量的活性基团，相互作用后形成的制品耐盐水浸泡、耐候、耐腐蚀性能极好。而加入的纳米玻璃空心微珠、纳米二氧化硅可进入上述基材内部，尤其是改性丙烯酸酯乳液内部，且与其内部活性基团的结合力极好；在钛酸酯偶联剂的作用下，与硅灰石粉、石膏、高岭土作用，制品耐候、耐腐蚀性好，耐盐水浸泡性能得到进一步增强。

（2）异噻唑啉酮衍生物、乙氧基化烷基酚硫酸铵、2,6－二叔丁基－4－甲基苯酚协同作用，在显著增强制品耐水性能的前提下，耐腐蚀、杀菌性能极好；加入羧甲基纤维素钠与钛酸酯偶联剂复配，既可保证优异的防水性能，又具有极佳的耐候性。

配方 12　钢结构用水性聚氨酯涂料

原料配比

原料	配比（质量份）		
	1#	2#	3#
聚氨酯树脂集合物的水分散体	10	12	11
羟基氟碳树脂水分散体	22	20	21
六亚甲基二异氰酸酯缩二脲改性水分散体	30	34	32
pH 值调整剂	3	1	2
着色颜料	1	3	2
防锈颜料	2	1	1
助溶剂	0.5	1	0.5
无机填料	6	3	4
分散剂	2	3	2
基材润湿剂	2	1	1
增稠剂	0.5	0.8	0.6
消泡剂	0.6	0.3	0.4
流平剂	0.2	0.4	0.3

制备方法

（1）向反应釜中加入聚氨酯树脂集合物的水分散体和羟基氟碳树脂水分散体，在 400～600r/min 的转速下搅拌 15min；

（2）加入 pH 值调整剂、着色颜料、防锈颜料、助溶剂、无机填料、分散剂、基材润湿剂、增稠剂、消泡剂和流平剂，在 800～1000r/min 的转速下搅拌 20min 出料作为 A 组分；

（3）取六亚甲基二异氰酸酯缩二脲改性水分散体作为 B 组分；

（4）A 组分与 B 组分即为涂料成品，使用时将两者混合即可。

产品应用　本品主要用作钢结构用水性聚氨酯涂料。

产品特性　本产品提供的钢结构用水性聚氨酯涂料，有机挥发物（VOC）含量可以控制在 50g/L 以下，与环氧富锌底漆配套使用，在配套干膜厚度 80μm 情况下，耐盐雾性能超过 800h，耐大气老化 800h 以上，可以在一般大气环境下防护钢铁材料 10 年以上，保护混凝土等桥梁设施 12 年以上。本涂料可与环氧富锌底漆、环氧底漆、醇酸底漆、酚醛底漆、氯化橡胶底漆等各种底漆配套，并得到各自不同性能的配套涂层。

配方 13 钢铁用水性带锈防腐涂料

原料配比

原料	配比（质量份）				
	1#	2#	3#	4#	5#
甲基丙烯酸丁酯	100	100	100	100	100
亚铁氰化钾	5	25	10	20	15
多元醇磷酸酯	1	5	2	4	3
丙烯酸甲酯	30	50	35	45	40
丙烯腈	15	35	20	30	25
N－羟甲基丙烯酰胺	2.5	6.5	3.5	5.5	4.5
甲苯二异氰酸酯	3	7	4	6	5
滑石粉	5	25	10	20	15
氧化锌	10	30	15	25	20
硫酸钡	8	12	9	11	10
甲基丙烯酸月桂酯	4	8	5	7	6
十二烷基磺酸钠	0.2	0.6	0.3	0.5	0.4
丙烯酸	2	6	3	5	4
三聚磷酸铝	10	14	11	13	12

制备方法

（1）称取甲基丙烯酸丁酯、亚铁氰化钾、多元醇磷酸酯、丙烯酸甲酯、丙烯腈、*N*－羟甲基丙烯酰胺、甲苯二异氰酸酯、滑石粉、氧化锌、硫酸钡、甲基丙烯酸月桂酯、十二烷基磺酸钠、丙烯酸和三聚磷酸铝；

（2）将甲基丙烯酸丁酯、亚铁氰化钾、多元醇磷酸酯、丙烯酸甲酯、丙烯腈、*N*－羟甲基丙烯酰胺和甲苯二异氰酸酯投入设有搅拌器和温度计的反应釜中，升温至110～150℃，搅拌1～3h，搅拌速度为400～600r/min；

（3）降温至30～40℃，加入剩余原料，在研磨机中研磨1～2遍，研磨细度30～40μm即可。

产品应用 本品主要用作钢铁用水性带锈防腐涂料。

产品特性

（1）涂膜外观均匀光亮，表干30～50min，实干18～22h；

（2）黏度30～50s，柔韧性0.4～0.8mm，附着力1～2级；

（3）浸入30～40℃水中7～11d，不起泡、不脱落，耐冲击性60～100cm；

（4）用于金属钢材表面的保护，固含量50%～55%，硬度0.4～0.6，可以广泛生产并不断代替现有材料。

配方 14　钢铁用水性带锈涂料

原料配比

原料	配比（质量份）				
	1#	2#	3#	4#	5#
丙烯酸树脂	100	100	100	100	100
五倍子酸（没食子酸）	1.5	5.5	2.5	4.5	3.5
单宁酸	0.5	4.5	1.5	3.5	2.5
二乙二醇单乙醚乙酸酯	2.5	6.5	3.5	5.5	4.5
邻苯二甲酸二辛酯	3	7	4	6	5
三聚磷酸二氢铝	6	10	7	9	8
锌黄	5	25	10	20	15
羧甲基纤维素钠	1	5	2	4	3
柠檬酸铵	1	20	5	15	10
乙二醇单丁醚	0.1	0.5	0.2	0.4	0.3
亚铁氰化钾	0.2	0.6	0.3	0.5	0.4
四硼酸钠	0.3	0.7	0.4	0.6	0.5
十六烷基乙烯醚	20	60	30	50	40
月桂醇醚磷酸酯钾盐	30	50	35	45	40

制备方法

（1）称取丙烯酸树脂、五倍子酸、单宁酸、二乙二醇单乙醚乙酸酯、邻苯二甲酸二辛酯、三聚磷酸二氢铝、锌黄、羧甲基纤维素钠、柠檬酸铵、乙二醇单丁醚、亚铁氰化钾、四硼酸钠、十六烷基乙烯醚和月桂醇醚磷酸酯钾盐；

（2）将丙烯酸树脂、五倍子酸、单宁酸、二乙二醇单乙醚乙酸酯、邻苯二甲酸二辛酯、三聚磷酸二氢铝和锌黄投入设有搅拌器和温度计的反应釜中，升温至 60～100℃，搅拌 50～90min，搅拌速度为 250～450r/min；

（3）降温至 30～50℃，加入剩余原料，在研磨机中研磨 1～2 遍，研磨细度 20～40μm 即可。

产品应用　本品主要用作钢铁用水性带锈涂料。

产品特性

（1）涂膜外观均匀平整光亮，耐久且抗性好，表干 5～25min，实干 20～24h；

（2）黏度 40～60s，柔韧性 0.5～0.9mm，附着力 1～2 级；

（3）耐潮湿性和耐盐雾性好，浸入 30～40℃水中 5～9d，不起泡、不脱落，抗冲击强度 50～70kN/cm；

（4）用于金属钢材表面的保护，固含量 45%～55%，硬度 0.6～1，可以广泛生产并不断代替现有材料。

配方 15 钢铁用水性防锈涂料

原料配比

原料	配比（质量份）				
	1#	2#	3#	4#	5#
甲醛	100	100	100	100	100
乙醇	15	35	30	20	25
苯酚	10	30	25	15	20
盐酸	8	12	11	9	10
水	4	8	7	5	6
虫胶	30	50	45	35	40
磷酸	1.5	5.5	4.5	2.5	3.5
丙酮	2	6	5	3	4
锌铬黄	1	5	4	2	3
磷酸二氢锌	3	7	6	4	5
凹凸棒土	5	25	20	10	15

制备方法

（1）称取甲醛、乙醇、苯酚、盐酸、水、虫胶、磷酸、丙酮、锌铬黄、磷酸二氢锌和凹凸棒土；

（2）将甲醛、乙醇、苯酚、盐酸、水、虫胶和磷酸投入设有搅拌器和温度计的反应釜中，升温至60~80℃，搅拌30~50min，搅拌速度为100~500r/min；

（3）冷却至30~40℃，加入剩余原料，在研磨机中研磨到40~60μm细度，过滤包装即可。

产品应用 本品主要用作钢铁用水性防锈涂料。

产品特性

（1）用于钢铁表面保护，涂膜外观平整，水溶性好，表干10~30min，实干2~6h；

（2）遮盖力75~95g/m^2，浸入25℃水中8~12d，不变色、不起泡；

（3）冲击强度500~700N/cm，耐盐水性好，浸入25℃氯化钠中6~10d，不起泡、不脱落；

（4）附着力1级，涂膜坚硬。

配方 16 高耐水性的水性钢结构防火涂料

原料配比

原料			配比（质量份）				
			1#	2#	3#	4#	5#
固体混合料	A 颗粒	粒度为20μm的可膨胀石墨微粉	50	—	—	—	—
		粒度为29μm的可膨胀石墨微粉	—	55	—	—	—
		粒度为21μm的可膨胀石墨微粉	—	—	51	—	—
		粒度为28μm的可膨胀石墨微粉	—	—	—	54	—
		粒度为25μm的可膨胀石墨微粉	—	—	—	—	52

续表

原料			配比（质量份）				
			1#	2#	3#	4#	5#
固体混合料	B 颗粒	粒度为 9μm 的绢云母	38	—	—	—	—
		粒度为 5μm 的绢云母	—	30	—	—	—
		粒度为 8μm 的绢云母	—	—	37	—	—
		粒度为 6μm 的绢云母	—	—	—	31	—
		粒度为 7μm 的绢云母	—	—	—	—	33
	C 颗粒	粒度为 5μm 的硫酸钡微粉	1	—	—	—	—
		粒度为 9μm 的硫酸钡微粉	—	1	—	—	—
		粒度为 6μm 的硫酸钡微粉	—	—	1	—	—
		粒度为 8μm 的硫酸钡微粉	—	—	—	1	—
		粒度为 7μm 的硫酸钡微粉	—	—	—	—	1
	D 颗粒	粒径为 200nm 的 $\alpha-Al_2O_3$ 纳米粉	0.5	—	—	—	—
		粒径为 100nm 的 $\alpha-Al_2O_3$ 纳米粉	—	0.6	—	—	—
		粒径为 150nm 的 $\alpha-Al_2O_3$ 纳米粉	—	—	0.5	—	—
		粒径为 123nm 的 $\alpha-Al_2O_3$ 纳米粉	—	—	—	0.6	—
		粒径为 190nm 的 $\alpha-Al_2O_3$ 纳米粉	—	—	—	—	0.5
	E 颗粒	粒径为 100nm 的伊利石粉	3	—	—	—	—
		粒径为 200nm 的伊利石粉	—	2	—	—	—
		粒径为 180nm 的伊利石粉	—	—	3	—	—
		粒径为 145nm 的伊利石粉	—	—	—	2	—
		粒径为 100nm 的伊利石粉	—	—	—	—	3
	F 颗粒	粒径为 50μm 的伊利石粉	5	—	—	—	—
		粒径为 30μm 的伊利石粉	—	5	—	—	—
		粒径为 40μm 的伊利石粉	—	—	5	—	—
		粒径为 35μm 的伊利石粉	—	—	—	5	—
		粒径为 45μm 的伊利石粉	—	—	—	—	5
固体混合料			8	8	8	8	8
聚磷酸铵			10	12	11	10	12
三聚氰胺			12	8	10	9	11
季戊四醇			5	6	5	6	5
纯水			25	25	25	25	25
氯偏乳液			25	20	24	21	23
纯丙 AC261P 乳液			1	2	1	2	1
1%海藻糖水溶液			0.5	0.9	0.6	0.8	0.7

制备方法

（1）制备所需的固体颗粒：A 颗粒是粒度为 20～29μm 的可膨胀石墨微粉；B 颗粒是粒度为 5～9μm 的绢云母；C 颗粒是粒度为 5～9μm 的硫酸钡微粉；D 颗粒是粒径为 100～200nm 的 $\alpha-Al_2O_3$ 纳米粉；E 颗粒是粒径为 100～200nm 的伊利石粉；F 颗粒

是粒径为30～50μm的伊利石粉；按照上述质量份，将颗粒A、颗粒B、颗粒C、颗粒D、颗粒E、颗粒F混合配料成为固体混合料。

（2）制备防火涂料：按上述质量份，将固体混合料、聚磷酸铵、三聚氰胺、季戊四醇混合，在研钵中充分研磨，80～90℃热处理15～22min，然后加入纯水、氯偏乳液、纯丙AC261P乳液中，保持温度45～52℃，用搅拌器在150～180r/min的速度下搅拌8～20min，然后冷却到30℃，再加入1%的海藻糖水溶液，将搅拌器的转速调到1000r/min搅拌60～90min，制得防火涂料。

产品应用 本品主要用作高耐水性的水性钢结构的防火涂料。

产品特性

（1）本产品不仅在配方上做了创新，而且在工艺上首次将温度与搅拌速度相结合进行控制，经过大量的实验，意外发现了在特殊的配方和工艺下，可以得到耐水性能好、耐火时间长的水性钢结构防火涂料。

（2）本产品的水性钢结构防火涂料制备过程简单，易于工业化生产，并且无毒环保。

配方17 环保型水性防锈涂料

原料配比

原料	配比（质量份）						
	1#	2#	3#	4#	5#	6#	7#
乙二醇	35	30	40	35	35	35	35
季戊四醇	20	15	15	20	20	20	20
三乙醇胺	1	10	20	15	15	15	15
钼酸钠	3	2	4	3	3	3	3
硬脂酸钙	7	6	8	7	7	7	7
没食子酸	14	12	16	14	14	14	14
分散剂NNO	5	4	6	5	5	5	5
巯基乙醇	6	5	7	6	6	6	6
六偏磷酸钠	2	1	3	2	2	2	2
水	9	8	10	9	9	9	9
月桂醇	7	6	8	6	8	5	9
异丙醇	1	1	1	1	1	1	1

制备方法

（1）将乙二醇、季戊四醇、三乙醇胺、钼酸钠、硬脂酸钙、没食子酸、分散剂NNO、六偏磷酸钠、月桂醇和异丙醇混合在一起后，搅拌均匀；

（2）再加入表面活性剂巯基乙醇，搅拌40～60min；

（3）边搅拌边滴加水，完全滴加后继续搅拌20～30min。

产品应用 本品主要是一种环保型水性防锈涂料。

产品特性 本产品提供的环保型水性防锈涂料具有优异的防锈效果，其效果与原料中月桂醇和异丙醇质量份之比有关，月桂醇和异丙醇质量份之比为（6～8）∶1时，防锈效果最好。

配方 18　环糊精水性防腐涂料

原料配比

原料		配比（质量份）
氨基化纳米介孔二氧化钛	纳米介孔二氧化钛	10
	甲苯	50（体积份）
	硅烷偶联剂	2
环糊精改性纳米介孔二氧化钛	无水环糊精	5
	CDI	0.1
	DMF	13（体积份）
	氨基化纳米介孔二氧化钛	5
环糊精改性纳米介孔二氧化钛		15
Aq419		30
水性环氧树脂		100
水		100

制备方法

（1）称量 10～20g 纳米无机填料和 30～60mL 甲苯放入洁净的三口烧瓶中，在室温下搅拌、回流反应 0.5～1h；向反应体系中加入 1～4g 表面改性剂，在 100～110℃下搅拌、回流反应 5～8h，在纳米无机填料表面引入氨丙基，之后离心，并分别用甲苯溶液、丙酮溶液和水洗涤 3～5 次；将得到的固体在 140～160℃下干燥 5～8h，即得氨基化纳米无机填料。

（2）将 3～6g 无水环糊精加入盛有 2～5mL 无水二甲基甲酰胺（DMF）的洁净三口烧瓶中，并在搅拌条件下使无水环糊精分散到 DMF 中；称取 0.05～0.1g 的活化剂溶解于 DMF 中，并逐滴加到环糊精的 DMF 溶液中，在 15～25℃下搅拌反应 1.5～2.5h，得到活化环糊精；称取 4～8g 的氨基化纳米无机填料分散到 DMF 中，将活化环糊精缓慢加入氨基化纳米无机填料的 DMF 溶液中，在 15～25℃搅拌反应 18～24h；离心后得到的固体分别用 DMF、丙酮、水洗涤 3～5 次；在 90～110℃下干燥 1.5～3h 并冷却至室温，即得环糊精改性纳米无机填料。

（3）按质量份取 10～25 份环糊精改性纳米无机填料及 25～50 份水性固化剂，加入 50～100 份水和 100～200 份水性环氧树脂的混合液中，在常温下搅拌 0.5～1h，即得到环糊精水性防腐涂料。

原料介绍　所述纳米无机填料为纳米二氧化硅、纳米二氧化钛、介孔分子筛中的一种或几种。

所述介孔分子筛为 MCM－41、SBA－15、MCM－48 中的一种或几种。

所述环糊精是一种来自于淀粉的环状材料，具有无毒、生物降解、对光无吸收性等性能；同时，在水相中环糊精会通过分子内氢键作用形成稳定的桶状结构，其外围是亲水性表层，极易溶于水溶液中。所述无水环糊精为 α－环糊精、β－环糊精或 γ－环糊精中的一种或几种。

所述表面改性剂为硅烷偶联剂 KH-540 或 KH-550。

所述活化剂为羰基二咪唑（CDI）。

所述氨基化纳米无机填料表面的氨丙基与活化后环糊精的添加量的摩尔比为（3～5)∶1。

所述水性固化剂为 Aq419、H228B、W650。

产品应用 本品主要用作环糊精水性防腐涂料。

产品特性 本产品提供的环糊精水性防腐涂料及其制备方法，从分子设计角度出发，将天然环状化合物环糊精接枝到纳米无机填料上，并与水性环氧树脂复合制备了水性防腐涂料。与传统改性方法相比，该制备方法大大提高了环糊精与纳米无机填料的接枝率，从而保证了改性的成功，由于环糊精的引入，大大改善了纳米无机填料在水性防腐涂料中分散性差、易团聚、与有机树脂相容性差等问题，从而提高了涂料的阻隔性能，同时进一步提高了涂料的耐候性、对腐蚀粒子的吸收性能以及防腐涂层的防腐性能。

配方 19 环氧水性防腐涂料

原料配比

原料	配比（质量份）		
	1#	2#	3#
水性纳米凹凸/环氧复合乳液	30	40	35
成膜助剂	12	15	10
有机硅类消泡剂	8	10	9
增稠剂羟甲基纤维素	8	5	6
缓蚀剂亚硝酸钠	5	4	3
聚醚改性聚硅氧烷类流平剂	2	1	3
改性聚酰胺类固化剂	12	11	10
改性硅烷偶联剂	5	8	7
水	10	20	15

制备方法

（1）将水性纳米凹凸/环氧复合乳液加到装有水的分散缸中搅拌 10～18min，搅拌速度为 60～80r/min；

（2）向步骤（1）分散缸中加入成膜助剂、消泡剂、增稠剂和缓蚀剂，预分散 15～18min，搅拌速度为 150～170r/min，然后再向分散缸中加入流平剂继续搅拌 10～15min 待用，搅拌速度为 400～450r/min；

（3）将步骤（2）分散缸中的混合物转入磨砂机中，在高剪切力作用下高速砂磨 40～60min，控制混合物的细度≤50μm，将固化剂与偶联剂混合，在使用时将固化剂与偶联剂的混合物与磨砂后的混合物进行混合，在室温下固化得到环氧水性防腐涂料。

原料介绍 所述成膜助剂为丙二醇丁醚乙酸酯和二丙二醇丁醚的等比例混合物；

所述消泡剂为有机硅类消泡剂；

所述增稠剂为羟甲基纤维素；

所述缓蚀剂为亚硝酸钠；

所述流平剂为聚醚改性聚硅氧烷类流平剂；

所述固化剂为改性聚酰胺类固化剂；

所述偶联剂为改性硅烷偶联剂。

水性纳米凹凸/环氧复合乳液的制备工艺，具体如下：

（1）称取水溶胶加到50mL的水热釜内胆中，加入植酸并用pH调节剂调节体系的pH值，其中水溶胶与内胆的体积比为（1∶10）~（8∶10），密封后放入高温烘箱中，调节温度为150℃，反应10~50h得到纳米复合离子；

（2）将E-44环氧树脂、α-甲基丙烯酸、丁醇、丙烯酸丁酯、苯乙烯、过氧化苯甲酰分别加入四颈瓶中，通氮气搅拌，升温至70~80℃，然后在搅拌状态下2h内升温至90~100℃，恒温反应4h后冷却至室温，得到丙烯酸改性环氧树脂，将乙二胺加入水中配制成中和液，加温条件下将中和液缓慢滴入丙烯酸改性环氧树脂中，调节pH值为7~8，得到固含量为40%左右的水性丙烯酸改性环氧乳液；

（3）在水性丙烯酸改性环氧乳液中，加入改性纳米凹凸粒子，升温至50~55℃，调节pH值为7~8，得到固含量为45%的水性纳米凹凸/环氧复合乳液。

产品应用 本品主要是一种环氧水性防腐涂料。

产品特性 本品制备方法简单易行，制备成本低廉，制备出的环氧水性防腐涂料具有良好的防腐效果，能有效抑制对金属的腐蚀，降低成本。

配方20 金属用水性涂料

原料配比

原料		配比（质量份）			
		1#	2#	3#	4#
改性聚氨酯	聚乙二醇10000	2.5	3	3	2.5
	聚乙二醇单十二烷基醚	2	2	2	2
	4,4′-二苯基甲烷二异氰酸酯	2.5	4.5	6	2.5
	辛酸亚锡	0.5	—	0.5	0.5
	二月桂酸二丁基锡	—	0.6	—	—
甲基丙烯酸		12	10.6	15.5	13
丙烯酸		17	15.3	25	20
纳米碳酸钙		7	2.6	10	6
异噻唑啉酮		3	0.1	4	3
水		45	35	45	40
三乙醇胺		1	0.1	3	2.5
改性聚氨酯		4	2.5	8	6
丙二醇甲醚乙酸酯		6	3.1	8	6
硅油		0.7	0.5	1	0.75

制备方法

（1）按比例称取各原料，将甲基丙烯酸、丙烯酸、纳米碳酸钙和异噻唑啉酮加入水中；

（2）室温搅拌均匀后，加入三乙醇胺调节溶液 pH 值为 7 ~7.5；

（3）再加入改性聚氨酯，边加边搅拌，最后加入丙二醇甲醚乙酸酯和硅油反应 3 ~5h，即得金属用水性涂料。

原料介绍

所述改性聚氨酯的制备方法如下：将聚乙二醇和聚乙二醇单十二烷基醚混合搅拌，升温至 100℃抽真空，连续脱水 4h，降温至 70 ~75℃，加入 4,4′-二苯基甲烷二异氰酸酯，高速搅拌 15 ~20min，再加入催化剂，边加入边搅拌迅速升温至 120℃，得到改性聚氨酯。

所述催化剂为辛酸亚锡和二月桂酸二丁基锡中任一种。

所述聚乙二醇分子量为 10000。

所述改性聚氨酯作为增稠剂可以改善水性涂料的触变性，减少滴流和流挂。聚乙二醇的分子量为 10000，其主链更亲水，聚乙二醇与 4,4′-二苯基甲烷二异氰酸酯发生本体聚合产生大分子链，该大分子链上的亲水链段越长，吸附的水分子越多，进而增强涂料的黏度。增稠剂与涂料中各组分憎水结构吸附在一起，在水中形成立体网状结构，使涂料具有良好的触变性，有利于加工。由于成膜剂是水性涂料中挥发性物质的主要来源，所以为避免对环境的污染，要选择无毒无害的原料，本发明用丙二醇甲醚乙酸酯作为成膜剂。为防止涂料长期处于潮气下涂料容易霉化、变质等问题，添加异噻唑啉酮并加入适量的硅油可以达到较佳的消泡效果。

产品应用 本品主要用于涂料领域，是一种金属用水性涂料。

产品特性 本产品所得金属用水性涂料无毒无污染，绿色环保；附着力 0 级，不易脱落，耐腐蚀性强，金属斑迹少，具有良好的遮盖力，综合性能好。本产品生产工艺简单，使用范围广泛，成本低，有利于工业化生产。

配方 21 浸涂用水性偏氯乙烯涂料

原料配比

原料	配比（质量份）
聚偏氯乙烯	70
聚硅氧烷	15
聚氨基甲酸酯	15
着色颜料	2
防锈颜料	3
无机填料	10
分散剂	1
基材润湿剂	2
增稠剂	3
消泡剂	2
流平剂	2
pH 调节剂和水	适量

制备方法

（1）取聚偏氯乙烯、聚硅氧烷、聚氨基甲酸酯加入水中，用pH调节剂调节pH值至7～8，加入分散剂搅拌均匀，搅拌速度为50～150r/min；

（2）依次加入着色颜料、防锈颜料、无机填料和基材润湿剂，以80r/min的速度搅拌，最后加入增稠剂、消泡剂和流平剂，以50～80r/min的速度搅拌至均匀。

产品应用 本品主要应用于汽车行业、工程机械、五金、农用机械等多种钢铁材料的防腐保护。

产品特性 本产品涂料通过浸涂，其干膜厚度30μm情况下，耐盐雾性能超过200h；可以在一般大气环境下防护钢铁材料5～8年。该涂料配上面漆后可大大延长使用寿命一倍以上，配套面漆可以是醇酸涂料、丙烯酸涂料、丙烯酸聚氨酯涂料、氟碳涂料、聚硅氧烷涂料的任何一种，配套性能会因面漆的不同而不同。

配方 22 具有优异冲制性的水性高耐腐蚀涂料

原料配比

原料		配比（质量份）					
		1#	2#	3#	4#	5#	6#
水性树脂	水性丙烯酸树脂 E－1560（固含41%）	32.9	—	—	—	—	—
	水性环氧树脂 HD－EP05（固含36%）	—	—	—	30	—	—
	水性聚氨酯改性丙烯酸树脂 HOHAM PUA903（固含35%）	—	—	—	—	40	40
	水性聚酯树脂 FL－568（固含35%）	—	—	—	20	—	—
	水性环氧改性丙烯酸树脂 HD－EA604（固含72%）	—	—	—	—	10	—
	水性丙烯酸树脂 AC2403（固含40%）	—	60	—	—	—	—
	水性苯乙烯－丙烯酸共聚树脂 SK6460（固含40%）	—	—	10	—	—	—
	高度甲醚化三聚氰胺甲醛树脂（固含100%）	2	6	12	—	—	—
	水性异氰酸酯 BL 5140（固含100%）	—	2	—	—	2	—
	水性丙烯酸树脂 CF 202（固含47%）	—	—	34.7	—	—	—
	部分甲醚化三聚氰胺甲醛树脂（固含85%）	—	—	—	8	8	8
水性交联剂	钛酸酯偶联剂（固含40%）	—	—	4	—	—	—
催化剂	对甲苯磺酸	0.2	—	—	—	0.2	0.2
	氨基磺酸	—	—	—	0.3	—	—
	十二烷基苯磺酸	—	0.1		—	—	—
	二壬基萘二磺酸	—	—	0.5	—	—	—
助溶剂	丙二醇甲醚乙酸酯	—	—	4	4	4	2
	乙醇	2	3	—	—	—	—
	异丙醇	—	—	—	3	3	2
	丙二醇丁醚	2	5	—	—	—	—
	二丙二醇甲醚	—	—	—	1	1	1
	正丁醇	—	2	—	—	—	—

续表

原料		配比（质量份）					
		1#	2#	3#	4#	5#	6#
流平剂	BYK－348	0.1	—	—	—	—	—
	EFKA－3777	—	0.1	—	—	—	—
	AFCONA－3580	—	—	0.1	—	—	—
	SilOK－4099	—	—	—	0.2	—	—
	DSX－3220	—	—	—	—	0.2	0.2
润滑剂	有机硅乳液 Silomer 8861（固含 43%）	1.4	—	—	—	—	—
	氟硅乳液 BD－606（固含 25%）	—	—	1	—	—	—
	聚四氟乙烯乳液（固含 30%）	—	—		8	—	—
	蜡乳液 PW－7（固含 30%）	—	—	—	—	5	—
	DC－29	—	0.1	—	—	—	—
水性增韧树脂	水性聚酯多元醇（固含 35%）	10	—	—	—	—	—
	水性聚酰胺（固含 15%）	—	2	—	—	—	—
	水性丁苯乳液 SD－623（固含 51%）	—	—	—	5	—	—
	水性聚氨酯 ESACOTE PU36（固含 35%）	—	—	8	—	—	—
	水性聚醚砜树脂 PES－8800W（固含 26%）	—	—	—	—	6	6
消泡剂 Tego 8050		0.1	0.5	0.2	0.3	0.1	0.1
增稠剂	纤维素类增稠剂（固含 20%）	2	—	—	—	—	—
	聚丙烯酸酯类增稠剂（固含 30%）	—	0.5	—	—	1	—
	聚氨酯类增稠剂（固含 25%）	—	—	3	2	—	—
	聚丙烯酸类增稠剂（固含 30%）	—	—	—	—	—	1
水		47.3	18.7	12.6	18.2	19.5	39.5

制备方法 将上述组分按比例混合后搅拌均匀即得到涂料。

产品应用 本品主要用于铝箔卷材加工领域中。当将本产品进行上述应用时，可采用两种方式。

其一，将本产品的涂料的各组分按比例混合均匀后，直接涂覆于待处理金属表面。

其二，可将本产品涂料分底涂（漆）和面涂（漆）对待处理金属进行两次涂覆。其中，底涂包含水性树脂、水性交联剂、催化剂、助溶剂、流平剂、水性增韧树脂、消泡剂、增稠剂等成分，面涂包含水性树脂、助溶剂、流平剂、润滑剂、消泡剂等成分。将底涂涂覆于待处理金属表面后，再涂覆面涂。底涂对金属材料表面有防腐蚀保护作用，面涂对底涂进一步修饰使其表面具有润滑性和疏水性，从而具有良好的冲制性和对水的屏蔽性。

上述底涂的组分混合均匀后，优选调节固含为 20%～40%，黏度为涂－4 杯测量 20s～2min。面涂的组分混合均匀后，优选调节固含为 5%～15%，黏度为涂－4 杯测量 12～20s。

本产品应用于金属表面防腐蚀中，特别是铝箔表面防腐，其直接涂覆应用工艺优选如下：铝箔—脱脂—烘干—辊涂涂料，其中辊涂涂料经 200～300℃烘箱烘烤 20～60s，获得干膜厚 2～5μm 的涂层。

上述将本产品涂料分底涂和面涂进行的两次涂覆，其应用工艺优选如下：铝箔—脱脂—烘干—辊涂底涂涂料—烘干—辊涂面涂涂料—烘干，其中辊涂底涂涂料经200～300℃烘箱烘烤20～60s，获得干膜厚2～5μm的底涂涂层；辊涂面涂涂料经150～300℃烘箱烘烤15～40s，获得干膜厚0.5～1μm的面涂涂层。

产品特性

（1）本产品以水性树脂为成膜物，与水性多官能团固化剂形成交联固化体系，以水和少量助溶剂为稀释剂，得到一种不含无机填料的纯有机水性涂料组合物，且为单组分体系。

（2）环保性，本产品低VOC排放，对环境污染低。

（3）本产品为纯有机体系，采用有机类耐腐蚀助剂，不含无机物，对冲制模具带来磨损少。

（4）本产品无须厚涂，涂膜厚度2～5μm即可获得很好的耐腐蚀性。

（5）冲制性佳：本产品通过组分的搭配对涂层表面进行了润滑修饰，其冲制性良好，不会造成冲制破坏，亦不会从冲制薄弱点腐蚀。同时表面具有疏水性，对腐蚀介质具有屏蔽作用，提高耐腐蚀性。

（6）成型性优良：本产品添加水性增韧树脂，提高涂层柔韧性，改善涂层对冲击和折弯的耐受性，避免涂层脆裂造成薄弱点，进一步改善其防腐性。

配方23　抗静电纳米水性防腐涂料

原料配比

原料	配比（质量份）		
	1#	2#	3#
纯丙乳液	30	35	40
聚氨酯乳液	35	30	25
羟丙基纤维素	18	20	22
纳米二氧化硅	21	20	19
异噻唑啉酮	8	9	10
云母粉	14	13	12
滑石粉	11	12	12
十二烷基磺酸钠	17	16	15
氟代碳酸乙烯酯	7	8	9
十七烷酸	15	14	13
玻璃纤维	17	18	19
溴化环氧树脂	18	17	16

制备方法

（1）按配比称取各原料，备用；

（2）将原料羟丙基纤维素、纳米二氧化硅、异噻唑啉酮、云母粉、滑石粉、十二烷基磺酸钠、氟代碳酸乙烯酯、十七烷酸、玻璃纤维和溴化环氧树脂溶解于水中，搅拌3～4h，混合均匀，将浆料研磨至1400～1600目；

（3）将纯丙乳液、聚氨酯乳液加入研磨后的浆料，混合均匀，在研磨机中继续研磨分散2～3h，室温下静置8～10h，即得。

产品应用 本品主要用作抗静电纳米水性防腐涂料。

产品特性 本产品涂料的表面电阻大，显示良好的抗静电能力，原料成本低且易得，适合广泛使用；本产品涂料具有良好的耐水性和耐酸性，具有优异的防腐性能，实际使用寿命长且稳定，安全环保。

配方 24 抗菌抑菌水性金属涂料

原料配比

原料		配比（质量份）			
		1#	2#	3#	4#
杀菌聚氨酯		80	90	85	88
水性酚醛树脂		18	15	17	16
水性醇酸树脂		9	12	10	11
气相白炭黑		4	3	3.8	3.5
硅藻土		15	18	16	17
沸石粉		25	22	24	23
沉淀硫酸钡		13	16	14	15
甲基异噻唑啉酮		2.5	1.5	2.2	1.8
苯扎溴铵		1	1.8	1.3	1.6
消泡剂		2	1	1.8	1.5
分散剂		1	2	1.2	1.5
流平剂		3	2	2.6	2.4
颜料		5	8	6	7
杀菌聚氨酯	醛酮树脂	12	9	11	10
	聚己内酯二元醇	15	18	16	17
	聚四氢呋喃	31	28	30	29
	改性环己烷二亚甲基二异氰酸酯	19	22	20	21
	乙二醇	10	13	11	15
	2-（羟基甲基）苯硼酸半酯	6	4	5.5	4.5
	三羟甲基丙烷和丙酮	15	18	16	17
	邻苯基苯酚钠	1.5	1	1.4	1.2
	三乙醇胺	3	2	2.8	2.5
	双（2-羟丙基）苯胺	4	6	4.5	5
	水	330	300	320	310
	月桂酸酞菁锌	1	1.2	1.1	1.1
改性环己烷二亚甲基二异氰酸酯	环己烷二亚甲基二异氰酸酯	103	100	101	102
	磷酸三丁酯	2.6	2.9	2.8	2.7
月桂酸酞菁锌	四氨基酞菁锌	1	1	1.2	1.1
	月桂酸	6	3.5	5.3	5.6

制备方法 将各组分原料混合均匀即可。

原料介绍 所述杀菌聚氨酯的制备方法如下：按质量份将醛酮树脂加入丙酮中溶解得到第一物料；将聚己内酯二元醇和聚四氢呋喃升温，保温，接着真空脱水得到第二物料；将第一物料、第二物料和改性环己烷二亚甲基二异氰酸酯混合后，通入N_2保护，升温，保温，然后降温，加入乙二醇、2－（羟基甲基）苯硼酸半酯、三羟甲基丙烷和丙酮，再加入邻苯基苯酚钠，升温，保温得到第三物料；将第三物料降温后，再滴加含三乙醇胺和双（2－羟丙基）苯胺的混合溶液，升温，保温得到第四物料；将第四物料进行中和后，再加水进行乳化分散，真空蒸馏后，再加入月桂酸酞菁锌搅拌均匀得到杀菌聚氨酯。

所述杀菌聚氨酯制备方法中的改性环己烷二亚甲基二异氰酸酯按如下步骤进行制备：按质量份将环己烷二亚甲基二异氰酸酯和磷酸三丁酯混合后，升温至200～220℃，保温1～1.3h，接着减压蒸馏，冷却至73～76℃进行熟化，得到改性环己烷二亚甲基二异氰酸酯。

所述杀菌聚氨酯制备方法中的月桂酸酞菁锌按如下步骤进行制备：将四氨基酞菁锌、月桂酸和*N,N*－二甲基乙酰胺混合后，进行油浴加热，油浴加热的温度为132～135℃，油浴加热的时间为8～8.6h，油浴加热过程中不停搅拌，然后减压蒸馏，洗涤，离心，洗涤，干燥得到月桂酸酞菁锌。

所述四氨基酞菁锌和月桂酸的摩尔比为（1～1.3）:（5～6）。

所述四氨基酞菁锌的制备方法如下：将3.82g 4－硝基邻苯二腈和1g乙酸锌混合后放入圆底烧瓶中，向其中加入143mL无水硝基苯，充分搅拌后，加热到150℃，氮气保护下反应24h。反应完毕后，冷却到室温，向其中加入大量的甲醇，抽滤，洗涤至滤液无色为止，然后真空干燥，干燥后将固体刮下，用质量分数为10%的盐酸回流3h，抽滤，用水洗涤至滤液呈无色为止，真空干燥，再用质量分数为10%的NaOH溶液回流3h，抽滤，用水洗涤至滤液呈无色为止，真空干燥，得到四硝基酞菁锌。将1.45g四硝基酞菁锌和7.25g无水硫化钠溶解在55mL水中，加热到50℃，氮气保护下反应5h。反应完毕后，降到室温，抽滤，用大量的水洗涤至滤液无色为止，真空干燥。干燥后的样品用柱色谱法分离，所用硅胶为200～300目，用石油醚灌柱子，以*N,N*－二甲基甲酰胺为淋洗剂淋洗，收集，真空干燥，得到四氨基酞菁锌。

所述杀菌聚氨酯、甲基异噻唑啉酮和苯扎溴铵的质量比优选为（85～88）:（1.8～2.2）:（1.3～1.6）。

产品应用 本品主要用作抗菌抑菌水性金属涂料。

产品特性 本产品采用杀菌聚氨酯、水性酚醛树脂、水性醇酸树脂作为成膜物质，不仅具有高光泽、高硬度、抗降解及耐候性良好的特点，而且耐水性和耐热性优秀，附着力高，干燥速度快，同时上述物料作为成膜物质能在水中分散均匀，大大提高涂料的加工性能。气相白炭黑作为本产品的防沉助剂，大幅改善了本产品的稠度和防触变性，使本产品中的成膜物质和填充补强剂分布均匀，大大延长本产品的使用寿命和保存时间；气相白炭黑还与硅藻土、沸石粉、沉淀硫酸钡作为填充物，使本产品在固化后具有优异的强度、韧性、防水、抗老化、耐磨和耐腐蚀能力；气相白炭黑、硅藻土、沸石粉具有庞大的比表面积、表面多介孔结构和极强的吸附能力，不仅使本产品在固化后，可吸附空气中的有害粉尘，还使本产品具有良好的阻燃性能。而杀菌聚氨酯中的月桂酸酞菁锌与苯扎溴铵、甲基异噻唑啉酮配合，破坏菌体细胞壁的渗透性，使细胞内容物外渗，同时氧化菌体内的辅酶A，使酶和结构蛋白发生变性，破坏代谢过程，还改变DNA的结构，抑制微生物的生长和生物高分子的合成，迫使菌体破裂死亡，达到抗菌抑菌的效果。

配方25　抗污、耐指纹不锈钢板水性涂料

原料配比

原料	配比（质量份）				
	1#	2#	3#	4#	5#
羟基改性水性聚酯树脂	55	62.5	70	68	65
甲醚化氨基树脂	15	11.5	8	10	13
改性硅溶胶	5	4	3	3.5	3.7
中和剂	4	3	2	3.5	3.8
润湿剂	0.3	0.2	0.1	0.25	0.25
流变助剂	0.2	0.1	0	0.15	0.15
消泡剂	1.5	0.8	0.1	1	1
流平剂	0.5	0.3	0.1	0.3	0.3
水性聚乙烯蜡和聚四氟乙烯蜡混合浆	6	4.5	3	4	3.5
附着力促进剂	3	2	1	2	2
纳米无机盐	3	2	1	2	2
催化剂	0.5	0.35	0.2	0.3	0.3
助溶剂	5	4	3	2.5	2.5
水	1	4.75	8.5	2.5	2.5

制备方法

（1）先将配方中的羟基改性水性聚酯树脂加入中和剂调整pH值到8.5，再将改性硅溶胶、润湿剂、流变助剂、水性聚乙烯蜡和聚四氟乙烯蜡（1∶2质量比）混合浆、纳米无机盐、助溶剂混合均匀，以1500～2000r/min的转速搅拌均匀，再球磨1h。

（2）再在800r/min搅拌下慢慢加入消泡剂、流平剂、催化剂、附着力促进剂、水，搅拌15～30min，然后加入甲醚化氨基树脂搅拌均匀，经过150～200目筛网过滤后即可包装成品。

（3）上述涂料用170～180℃温度烘烤10min制得涂层样品。

原料介绍　所述中和剂为二甲基乙醇胺。

所述润湿剂为聚醚改性硅氧烷。

所述消泡剂为不含有机硅的憎水性固体及破泡聚合物的混合物。

所述纳米无机盐为纳米二氧化钛、纳米氧化锌、纳米二氧化锆或纳米二氧化硅中的一种或几种，所述纳米无机盐颗粒的粒径小于20nm。

所述催化剂为磺酸胺化合物。

所述助溶剂为丙二醇、丁醇或异丙醇。

产品应用　本品主要用作抗污、耐指纹不锈钢板水性涂料。

产品特性

（1）本产品采用硬质耐磨的纳米无机盐使不锈钢板的表面具有玻璃的硬度及耐磨性，使不锈钢制品具有更为优秀的耐污和抗老化性能，具有卓越的耐磨损和耐刮擦特性，具有广泛的市场应用情景；采用水溶性聚合物，无 VOC 排放，环保绿色，符合国家新环保法要求；采用改性聚酯树脂，使不锈钢制品具有高强的附着力，更好的耐酸碱腐蚀性，优异的保护性能及加工性能。

（2）由于本产品的水性烘烤涂料无苯类有机物，不会对人体健康造成严重危害，不燃不爆，使用的设备及工具、被加工的部件都可用水清洗。同时具有优异的抗指纹印迹性能，技术沉积的疏水疏油膜层（抗指纹涂层）是目前为止真正意义上的抗指纹薄膜，疏水疏油性能优异。

（3）该技术过程比较简单，容易操作。

（4）涂层不含重金属铬，不需经酸或碱处理，无甲醛或有机溶剂排放，保护环境。

配方 26 抗氧化性能高的水性涂料

原料配比

原料		配比（质量份）		
		1#	2#	3#
环氧改性有机硅树脂		85	88	87
羟基丙烯酸树脂		30	38	34
卵磷脂		11	13	12
丙烯酸十二酯		18	24	19
丙二酸二乙酯		15	18	17
方解石		12	16	14
硅油		2	4	3
水		50	55	52
丙烯酸		7	9	9
助剂		5	8	7
助剂	锆英石	7	9	8
	滑石粉	3	5	4
	水	10	15	12
	钛白粉	2	4	3
	石墨粉	0.5	0.8	0.7

制备方法

（1）将环氧改性有机硅树脂、羟基丙烯酸树脂与卵磷脂先放入搅拌釜内进行混合，控制搅拌釜中的温度在 45～50℃，设定搅拌速度 676～680r/min，搅拌时间 30～35min，再依次放入丙烯酸十二酯、丙二酸二乙酯、方解石和硅油进行混合，搅拌速度为 820～830r/min，保持 40～45min；

（2）然后将水、丙烯酸和助剂放入搅拌釜内进行混合，设定搅拌速度为 850～

860r/min，搅拌时间为 52～70min，调制水性涂料 pH 值为 8～9，即可得到所述抗氧化性能高的水性涂料。

原料介绍 所述助剂的制备方法为：将锆英石和滑石粉混合粉碎，过 120 目筛，得到粉末 A，然后将钛白粉和石墨粉混合粉碎，过 40 目筛，得到粉末 B，将粉末 A 与粉末 B 以 1∶3 的比例搅拌混合，搅拌 5～8min，然后加入水搅拌反应15～20min，过滤，干燥，粉碎，过 120 目筛，在氮气保护下，加热至 860～880℃下煅烧 2～3h 后，空冷至室温，然后粉碎，过 100 目筛，即可得到助剂。

产品应用 本品主要应用于电器、冶金、石油、航空、化工、医药、食品等行业。

产品特性 本涂料不仅抗氧化性能高，而且黏附性好，不易脱落。本涂料表面摩擦系数小，耐摩擦，并且颜色多样，使用寿命长，毒性小，表面张力小，表面活性高，成本低；能保持长时间的不起泡、不褪色、不长霉斑；对各种材质均有良好的附着性能，外观平整。

配方 27 可耐高温的泵阀用水性防锈涂料

原料配比

原料	配比（质量份）
甲基丙烯酸甲酯	65
苯乙烯	60
过硫酸铵	0.5
磷酸酯单体	4
水	20
SDS	2
玻璃鳞片	35
硅烷偶联剂 KH－560	1
75% 乙醇	30
10% 氢氧化钠溶液	40
异丙醇	2
邻苯二酚	3
高铝矾土	19
蓝晶石	5
苏州土	11
聚乙烯醇	2
吐温 80	1.5
水	加至 1000
硅酸钾	2

制备方法

（1）将水与 SDS 混合，放入反应釜中，边搅拌边升温至 70～80℃，然后加入一半量的甲基丙烯酸甲酯、苯乙烯以及过硫酸铵，恒温搅拌 30～40min 后继续加入剩余量的甲基丙烯酸甲酯、苯乙烯以及磷酸酯单体，保温 2～3h，得到含磷酸酯的丙烯酸乳液。

（2）将玻璃鳞片粉碎，过100目筛，然后将其置于10%氢氧化钠溶液中浸泡30～40min，过滤，用水洗至中性待用；将硅烷偶联剂KH－560与75%乙醇混合形成溶液，将上述碱处理后的玻璃鳞片置于其中，均匀搅拌30～40min，过滤后在烘箱中以80～90℃的温度干燥2～2.5h，得到表面改性玻璃鳞片。

（3）将高铝矾土、蓝晶石、苏州土放入球磨罐中，加入总量2～3倍量的水，混合球磨2～3h，出料后干燥，将干燥后的物料送入造粒机中，加入溶于10～12倍水的聚乙烯醇，搅拌15～20min后挤出造粒，将颗粒送入烧结炉中以1200～1300℃的温度烧结2～2.5h，冷却至室温后取出，粉碎过200目筛；将吐温80加入20～25倍量的水中，搅拌至分散均匀，加入上述200目粉末，以300r/min的速度搅拌均匀后继续加入异丙醇、邻苯二酚，在2000r/min的速度下搅拌，直到浆料细度小于45μm，得到混合浆料。

（4）最后将步骤（1）得到的含磷酸酯的丙烯酸乳液与步骤（3）得到的混合浆料混合，加入其余剩余成分，以600r/min的速度搅拌均匀即得。

产品应用　本品主要用作可耐高温的泵阀用水性防锈涂料。

产品特性

（1）本产品首先在丙烯酸乳液的配制过程中添加适量的磷酸酯单体，不仅可以提高乳液的稳定性，而且可与底材形成致密的磷化膜，提高附着力的同时，也提高了防腐蚀性能；本产品添加适量的异丙醇、邻苯二酚作为转锈剂，渗透性好，能够与泵阀表面的浮锈发生反应；本产品还在涂料的配制过程中添加了表面改性的玻璃鳞片，能够均匀地分散在涂料中，大大延长介质渗透的途径和时间，相应提高涂层的抗渗透性能及耐蚀寿命。本产品通过添加多重防腐蚀的功能原料与丙烯酸乳液配合，制成的涂料具备良好的防腐效果，同时成本低，无VOC释放，安全环保。

（2）本产品在涂料的制备中添加高铝矾土、苏州土等成分，通过球磨、造粒、烧结等工艺可以使得填料具备网状交织结构，使得填料具备良好的耐高温以及隔热性，同时在树脂基料中分散良好，使得本产品制成的涂料非常适合高温环境下的泵阀材料的防锈。

配方28　可喷涂烘烤型水性阻尼涂料

原料配比

原料		配比（质量份）	
		1#	2#
丙烯酸乳液		20	25
乳化剂		6.8	7.9
中和剂		0.2	0.1
分散剂		1.5	1
助溶剂		1.5	2
颜填料	氧化铁颜料	1	—
	钛白粉	—	2
	云母粉	10	—

续表

原料		配比（质量份）	
		1#	2#
颜填料	高岭土	—	4
	硅藻土	—	5
	空心玻璃珠	4	—
	滑石粉	10	10
	氢氧化铝	15	—
	碳酸钙	—	20
	硫酸钡	—	20
	石英粉	20	—
水		10	2

制备方法

（1）将丙烯酸乳液过滤后加入混合机内，在搅拌的状态下加入中和剂，搅拌5～10min；

（2）在搅拌状态下加入乳化剂，搅拌5～10min后加入分散剂及助溶剂，搅拌5～10min；

（3）高速分散下，加入各种颜填料，搅拌20～30min；

（4）在搅拌状态下，加入水，搅拌15～30min，检测包装。

原料介绍 所述丙烯酸乳液为水性苯丙乳液、水性纯丙乳液中的一种或其混合物。

所述乳化剂为烷基酚聚氧乙烯醚类、苄基酚聚氧乙烯醚、苯乙基酚聚氧乙烯醚、脂肪醇聚氧乙烯醚中的一种或其混合物。

所述中和剂为二甲基乙醇胺。

所述分散剂为聚羧酸钠盐、聚丙烯酸盐中的一种或其混合物。

所述助溶剂为丙二醇甲醚、丁醇、异丙醇、丙二醇中的一种或其混合物。

所述颜填料包括A和B，A为空心玻璃珠、硅藻土中的一种或其混合物；B为钛白粉、氧化铁颜料、云母粉、高岭土、滑石粉、碳酸钙、氢氧化铝、硫酸钡、碳酸镁、石英粉中的一种或其混合物。

产品应用 本品主要用于汽车、铁路机车等行业。

产品特性

（1）本产品中颜填料空心玻璃珠为微小的球体，球型率大，具有滚珠轴承效应，能提高流动性，降低树脂混合物的黏度和内应力，并且具有热导率低，抗压强度高，分散性、流动性、稳定性好，绝缘，自润滑，隔声，不吸水，耐火，耐腐蚀，防辐射，无毒等优异性能。并且在与其他填料搭配使用中，由于空心玻璃珠的吸油率低、质量轻、体积大，可以在一定程度上提高粗粉料的用量，提高涂料不挥发物的含量，能够降低填料使用的局限性。颜填料硅藻土具有强度性能好、防晒抗高温等特点，可以维持涂料耐受100～200℃的高温。此外，硅藻土有优良的延伸性，有较高的冲击强度、拉伸强度、撕裂强度，质轻软，耐磨性好，高压强度好等。在涂料高温烘烤，水分挥发的过程中，能够降低涂料收缩率，维持涂料涂膜状态。由于硅藻土的孔隙度大、吸收性强、化学性质稳定、耐磨、耐热等特点，能为涂料提供优异的表面性能，增容，增稠以及提高附着力；由于它具有较大的孔体积，能使涂膜缩短干燥时间，还可减少树脂的用量，降低成本。

（2）通过高压喷涂手段将涂层厚度固定在 0.5～5mm 左右，不流挂，经过高温 100～200℃烘烤后，迅速固化，不起泡，不脱落，并能增强减振降噪功能；以水为主要溶剂，不含苯类挥发物，对人类健康无严重伤害，使用的设备及工具都可用水清洗。

（3）本产品通过添加乳化剂，一方面明显降低乳液的黏度，使涂膜在成膜过程中，容易挥发出水分，而不鼓泡；另一方面增强涂料的顺滑性，保证涂料通过高压喷涂后的雾化效果，确保喷涂施工性能。

（4）本产品所需原料易获取，生产工艺简单，施工方便，易于操作，产品附加值高，填补国内空白，提高汽车涂装的施工效率和涂装质量。

配方 29 纳米凹凸棒石复合水性环氧防腐涂料

原料配比

原料		配比（质量份）		
		1#	2#	3#
A 组分	E－51 环氧树脂	90	—	—
	E－44 环氧树脂	—	85	—
	E－42 环氧树脂	—	—	95
	环氧活性稀释剂 501A	10	15	5
B 组分	第一次加水性环氧树脂固化剂	15	10	15
	分散剂	1	0.5	1.5
	流平剂	0.2	0.4	0.5
	消泡剂（一）	0.2	0.15	0.2
	自来水（一）	15	15	15
	抗划伤剂 D9	1	0.5	1.5
	颜料（钛白与炭黑）	5	—	—
	颜料（酞菁绿与中黄）	—	6	—
	颜料（酞菁蓝与柠檬黄）	—	—	6
	磷酸锌	5	4	5
	滑石粉（1250 目）	3.0	—	—
	滑石粉（1000 目）	—	8	—
	滑石粉（800 目）	—	—	6
	天然硫酸钡（1250 目）	9.0	—	—
	天然硫酸钡（1000 目）	—	5	—
	天然硫酸钡（800 目）	—	—	10
	凹凸棒石	15	20	10
	第二次加水性环氧树脂固化剂	15	15	20
	自来水（二）	17.5	20	10
	消泡剂（二）	0.2	0.15	0.3
A 组分∶B 组分		1∶6	1∶5	1∶4

制备方法

（1）水性环氧防腐涂料A组分的制备方法为：将液态的环氧树脂加到盆中，启动搅拌，在400～600r/min的转速下，加入环氧活性稀释剂，搅拌均匀，过滤包装，即可得到A组分。

（2）水性环氧防腐涂料B组分制备步骤中水性环氧树脂固化剂、消泡剂和自来水分两次加入，具体过程为：

①将一半量的水性环氧树脂固化剂加入盆中，启动搅拌，在400～600r/min的转速下，加入分散剂、流平剂、一半量的消泡剂，搅拌均匀；

②在400～600r/min的转速下加入一半量的水，搅拌均匀，

③在600～800r/min转速下依次加入抗划伤剂、颜料、滑石粉、凹凸棒石、硫酸钡，将搅拌速度提高到800～1000r/min，高速搅拌至均匀；

④进行研磨，研磨后，加入另一半量的水性环氧树脂固化剂、消泡剂和水，搅拌均匀后，过滤包装，即可得到B组分。

（3）水性环氧防腐涂料的制备：将A组分和B组分按（1∶4）～（1∶6）的质量比混合，搅拌均匀即可。

原料介绍 所述液态环氧树脂为低分子量、低黏度的E－51环氧树脂、E－44环氧树脂或E－42环氧树脂。

所述环氧活性稀释剂为丁基缩水甘油醚。

所述分散剂为海川H180A分散剂。

所述消泡剂为海川H280消泡剂。

所述流平剂为圣诺普科621N。

所述颜料是钛白、酞菁蓝、酞菁绿、炭黑、中黄、柠檬黄中的一种或几种。

所述硫酸钡的细度为800～1250目，滑石粉的细度为800～1250目。

所述凹凸棒石为经过分散、表面功能化及亲疏水处理改性的，制备步骤为：凹凸棒石原矿经过风化、破碎处理后，与占凹凸棒石质量1%～10%的改性剂充分混匀，然后采用对辊研磨机研磨处理，再将此混合物按固液比（1∶5）～（1∶50）分散在水中，在5～20MPa进行瞬间高压处理，得到棒晶分散和表面功能化改性的纳米凹凸棒石。所述改性剂为硫酸锌、硫酸铁、磷酸铝钠、焦磷酸、六聚偏磷酸钠、聚偏磷酸钾、偏铝酸钠、硬脂酸镁、改性剂KH－550、改性剂KH－560、改性剂KH－570、聚丙烯酰胺、油酸钠、十二烷基苯磺酸钠、十二烷基硫酸钠、四乙氧基硅烷、苯胺、吡咯、甘氨酸、聚乙二醇、羟乙基纤维素、聚甲基丙烯酸中的1种、2种或3种。

产品应用 本品主要用作工业防腐涂料。

产品特性

（1）本产品采用低黏度的液态环氧树脂E－51，用适量的环氧稀释剂稀释，固化时环氧稀释剂参与反应，与固化剂相互交联成致密的网状结构，不挥发，所以属于低VOC，对环境不会造成污染，符合环保理念。所用的环氧树脂固化剂是一种非离子型的自乳化固化剂，不易受环境pH值的影响，储存稳定性好，耐腐蚀性能佳。

（2）本产品涂料在制备过程中，以水作为分散介质，不含挥发性有机溶剂，无毒，不会对环境造成污染，水性环氧防腐涂料不燃、不爆，使用安全方便，有利于环境保护，对使用者安全健康，适合于工业防腐涂料的涂装。

（3）本产品具有较好的施工性能，在潮湿的环境下可以使用，具有附着力强，耐水、酸、碱、盐等的腐蚀性能好，柔韧性佳，硬度高，流平性能好，防腐保护性佳等特点。水性环氧防腐涂料的施工工具容易清洗，减少了人工费用，降低了成本；用自来水调节黏度，自来水成本低，不燃、无毒、无味、无溶剂排放，使用方便，施工简单。

（4）本产品将一种具有层链状结构和一维纳米棒结晶形态的含水富镁铝凹凸棒石黏土矿物与水性环氧防腐涂料完美复合，利用凹凸棒石一维纳米材料特性，显著改善水性环氧防腐涂料的流变性、触变性、柔韧性、附着性、抗流挂性以及降低收缩率。

配方 30　纳米氧化石墨烯改性双组分水性环氧防腐涂料

原料配比

原料		配比（质量份）							
		1#	2#	3#	4#	5#	6#	7#	8#
氧化石墨烯预分散浆	氧化石墨烯配制成的水溶液	20	30	40	50	30	20	70	30
	分散剂	1	2	1	5	1.5	1	5	5
	双酚 A 型水性环氧树脂乳液	10	—	—	—	—	—	—	—
	双酚 F 型水性环氧树脂乳液	—	20	5	—	—	—	—	—
	高纯度二聚酸改性的环氧树脂乳液	—	—	—	50	—	—	—	—
	水性丙烯酸改性的环氧乳液	—	—	—	—	30	20	40	1
A 组分	氧化石墨烯预分散浆	0.1	1	5	2	0.5	0.5	2	0.5
	双酚 A 型水性环氧树脂乳液	20	—	10	—	—	—	—	—
	双酚 F 型水性环氧树脂乳液	—	20	—	—	—	—	—	—
	高纯度二聚酸改性的环氧树脂乳液	—	—	—	40	—	—	—	—
	水性丙烯酸改性的环氧乳液	—	—	—	—	10	15	40	20
	磷酸锌	1	2	—	—	—	—	—	—
	三聚磷酸铝	5	3	5	5	8	8	10	8
	500 目片状锌粉	70	—	—	40	—	—	—	60
	1000 目球状锌粉	—	60	—	—	80	—	40	—
	2000 目片状锌粉	—	—	70	—	—	—	—	—
	800 目片状锌粉	—	—	—	—	—	70	—	—
	水性膨润土	2	1	—	—	—	—	—	—
	煅烧高岭土	—	—	2	5	2	3	5	6
	云母粉	10	—	8	5	3	5	4	5
	轻质碳酸钙	—	7	—	—	—	—	—	—
	分散剂	0.5	0.5	0.4	0.4	0.4	0.4	0.2	0.4
	消泡剂	0.3	0.4	0.4	0.4	0.4	0.4	0.8	0.4
	防沉剂羟乙基纤维素	0.2	0.2	0.4	0.4	0.4	0.4	0.6	0.4
B 组分	聚酰胺改性水性环氧固化剂	40	60	—	—	—	90	50	30
	脂肪胺改性水性环氧固化剂	—	—	60	50	80	—	—	—
	水	60	40	40	50	20	10	50	70
A 组分∶B 组分		100∶50	100∶80	100∶80	100∶50	100∶30	100∶25	100∶30	100∶50

制备方法

(1) 氧化石墨烯预分散浆制备：将氧化石墨烯配制成水溶液，同时按照质量比加入分散剂和水性环氧乳液，使用高速分散机研磨至500~20000目的颗粒，得到氧化石墨烯预分散浆。

(2) 氧化石墨烯改性双组分水性环氧防腐涂料的A组分制备：将上述氧化石墨烯预分散浆与水性环氧乳液、活性防锈颜料、锌粉、填料、分散剂、消泡剂、防沉剂等按照配比加入高速分散设备，高速分散并经研磨设备研磨至细度为35μm以下，得到氧化石墨烯改性双组分水性环氧防腐涂料的A组分。

(3) 氧化石墨烯改性双组分水性环氧防腐涂料的B组分制备：按上述质量份计，将固化剂和水混合稀释即得。

(4) 将B组分加入A组分中，A组分与B组分的配比为（100∶1）~（100∶80），固化形成氧化石墨烯改性双组分水性环氧防腐涂料。

原料介绍 所述氧化石墨烯为经处理的氧化石墨烯，其粒径为500~20000目。

所述水性环氧乳液为双酚A型水性环氧树脂乳液、双酚F型水性环氧树脂乳液、水性丙烯酸改性的环氧乳液、高纯度二聚酸改性的环氧树脂乳液。

所述活性防锈颜料为磷酸锌、三聚磷酸铝中的一种或两种的混合物；其含量为1%~20%。

所述锌粉为球状或片层状锌粉，其粒径为500~2000目。

所述填料为滑石粉、云母粉、轻质碳酸钙、煅烧高岭土、沉淀硫酸钡中的一种或几种的混合物，填料含量为5%~30%。

所述分散剂为烯基单体与不饱和羧酸共聚物的钠、胺或铵盐。

所述消泡剂为聚醚改性有机硅。

所述防沉剂为羟乙基纤维素。

所述固化剂是固体分含量为50%~70%的脂肪胺改性或聚酰胺改性的水性环氧固化剂。

产品应用 本品主要用于火车、汽车、船舶、桥梁、管道、集装箱、储罐等设施中钢铁材料在大气中防腐蚀方面。

产品特性 本产品利用在水中预处理的纳米氧化石墨烯具有完全剥离的结构，并且在水性环氧乳液中能稳定均一的存在，氧化石墨烯呈细小的片层，分散更均匀，对提高水性环氧富锌涂料的抗介质渗透性、力学性能、热性能更有利。本产品采用2组分包装，容易控制配比；现场混合不会产生粉尘，环保，对人体无害；现场混合容易，只需要简单搅拌即可混合均匀，提高了施工效率。此外，本产品的底漆以水性环氧分散体为主要基料，乳液机械稳定性好，可与颜料一同研磨，减少了作为分散介质的水和亲水性的分散剂、润湿剂的用量；提高了涂料的固体分，改善了涂料的防腐性能；选用水性环氧乳液，以水作溶剂，节省大量资源。水性涂料消除了施工时的火灾危险性；降低了对大气的污染；改善了作业环境条件。本产品的纳米氧化石墨烯改性双组分水性环氧防腐涂料具有无毒、不燃、施工方便、干燥快、漆膜机械强度高、附着力强、防腐性能优异、涂料储存稳定性好等优点。

配方 31 耐丁酮的水性丙烯酸聚氨酯涂料

原料配比

原料		配比（质量份）				
		1#	2#	3#	4#	5#
A 组分	水性丙烯酸聚氨酯树脂	45	43	58	43	43
	水性氯化聚丙烯	5	7	8	7	7
	磷酸锌	—	—	—	1～4	1～4
	邻甲酚醛环氧树脂	—	—	—	—	2～7
	金红石型钛白粉	20	23	25	23	23
	纳米硫酸钡	5	9	12	9	9
	分散剂	0.3	0.4	0.5	0.4	0.4
	抑泡剂	0.1	0.1	0.2	0.1	0.1
	水性消光粉	0.1	0.1	0.2	0.1	0.1
	流平剂	0.1	0.2	0.2	0.2	0.2
	润湿剂	0.1	0.1	0.2	0.1	0.1
	中和剂	0.2	0.5	0.6	0.5	0.5
	水性紫外线吸收剂	0.5	0.9	1	0.9	0.9
	水性聚酰胺蜡浆	3	5	6	5	5
	防霉杀菌剂	0.3	0.4	0.5	0.4	0.4
	水	68	75	107	75	75
	成膜助剂乙二醇单丁醚	1	1	2	1	1
A 组分		2	1	5	1	1
B 组分	亲水型异氰酸酯固化剂	1	1	1	1	1

制备方法

（1）A 组分通过如下步骤制备：

①将分散剂、抑泡剂、成膜助剂加至水中，300～400r/min 搅拌 5～10min；

②加入金红石型钛白粉、纳米硫酸钡和水性聚酰胺蜡浆，400～600r/min 搅拌 5～10min，研磨至细度在 20μm；

③加入水性丙烯酸聚氨酯树脂，400～600r/min 搅拌 15～20min；

④在 400～600r/min 条件下边搅拌加入水性消光粉、润湿剂、流平剂、水性紫外线吸收剂和防霉杀菌剂，400～600r/min 分散 15～20min；

⑤在 400～600r/min 条件下边搅拌边加入水性氯化聚丙烯，继续搅拌 10min；

⑥在 400～600r/min 条件下边搅拌边加入中和剂，即得。

（2）将 A 组分和 B 组分混合，即可。

产品应用 本品主要应用于丁酮或各类溶剂接触的容器内外壁、设备、工厂和工具等。

产品特性 本涂料通过引用一种高羟值的、高耐候性的、高耐化学性能的水性丙烯酸聚氨酯树脂，结合水性氯化聚丙烯树脂对其耐化学性能进一步改性，所得涂料的涂层在耐丁酮性、耐候性、耐酸碱性、耐盐雾性等方面有更进一步的提高。

配方 32 耐腐蚀高附着力水性聚氨酯涂料

原料配比

原料	配比（质量份）	
	1#	2#
聚氨酯树脂	100～120	110～115
聚丙烯基缩水甘油醚	15～18	16～17
水性丙烯酸树脂	22～25	23～24
硅溶胶	10～13	11～12
硅藻土	2～4	2.8～3.2
气相二氧化钛	1～3	1.6～2.3
滑石粉	12～15	13～14
沉淀硫酸钡	8～12	9～10
沸石粉	17～20	18～19
膨胀珍珠岩	22～25	23～24
石英粉	5～10	8～9
硼酸锌	5～10	7～8
磷酸钙	8～12	10～11
三聚氰胺磷酸盐	1～3	1.8～2.6
流平剂	3～5	3.6～4.5
分散剂	5～8	6～7
抗菌剂	2.5～4	3～3.5
消泡剂	1～2	1.5～1.8
润湿剂	1～2	1.3～1.6
水	30～50	35～45

制备方法 将各组分原料混合均匀即可。

产品应用 本品主要用作耐腐蚀高附着力水性聚氨酯涂料。

产品特性 本产品采用水性聚氨酯树脂、聚丙烯基缩水甘油醚、水性丙烯酸树脂和硅溶胶配合作为成膜物质，使本产品具有优异的耐热、耐磨、耐候、耐腐蚀性能，加工工艺性能优良，固化成膜后的涂层力学性能优异。而硅溶胶与硼酸锌、磷酸钙相互配合，形成Si—O键的立体网状结构，同时硅溶胶也可以与底材发生键合作用，从而使涂层牢固附着在底材表面，大大提高了本产品的附着力、硬度、防腐性能；硅藻土和气相二氧化钛作为本产品的增稠剂和防沉助剂，大幅改善了本产品的稠度和防触变性，使本产品中的成膜物质和填充补强剂分布均匀，大大延长了本产品的使用寿命和保存时间，而且还能提高涂膜的致密性，进一步提高了涂膜的耐水、耐腐蚀性及与底材间的附着力；硅藻土、气相二氧化钛、滑石粉、沉淀硫酸钡、沸石粉、膨胀珍珠岩、石英粉作为本产品的填充物，使本产品在固化后具有优异的强度、韧性、防水、抗老化、耐磨和耐腐蚀能力；硅藻土、气相二氧化钛、滑石粉、沸石粉、膨胀珍珠岩具有庞大的比表面积、表面多介孔结构和极强的吸附能力，不仅使本产品在固化后，可吸附空气中的有害粉尘，而且由于内部多孔结构，使本产品热导率低，能够调节底材的温度，进一步提高耐热性能，同时与硼酸锌、磷酸钙、三聚氰胺磷酸盐配合，进一步提高本产品的阻燃性能。上述组分与其他物料混合后，发生系列反应，最终形成的涂料化学稳定性好，具有优良的耐高温、耐酸碱、抗菌、防霉作用；流平剂、分散剂、抗菌剂、消泡剂、润湿剂及水混合作用，可提高涂料的沉降性、触变性及耐刷性，涂膜不易开裂，其耐热及耐腐蚀性能进一步增强。

配方 33 耐腐蚀耐水性聚氨酯涂料

原料配比

原料		配比（质量份）				
		1#	2#	3#	4#	5#
改性聚氨酯乳液		100	100	100	100	100
水性丙烯酸乳液		35	20	28	32	30
水性聚苯胺乳液		10	25	21	18	20
多异氰酸酯		35	10	19	25	21
有机改性纳米二氧化硅		3	15	11	7	10
纳米磷酸锌		15	5	8	12	9
高岭土		2	5	4	3.2	3.6
滑石粉		10	2	5.5	7	6.5
云母粉		3	12	8	6	7
硫酸钡		10	2	5.5	7	6.2
三聚磷酸铝		5	12	10	9	9
成膜助剂	乙二醇单丁醚	—	2	2	—	—
	二丙酮醇	—	2	1.2	—	4
	醇酯十二	15	—	1	—	—
	N－甲基吡咯烷酮	—	—	2	10	—
	乙二醇苯醚	—	1	0.8	—	4.5
消泡剂		0.2	0.5	0.4	0.32	0.35
分散剂		1.2	0.5	0.8	1.1	1.1
润湿剂		0.2	0.8	0.7	0.6	0.65
流平剂		0.5	0.1	0.32	0.4	0.35
防冻剂	氯化钙	—	—	1	—	3.7
	丙二醇	—	—	0.5	2	—
	乙二醇	—	—	0.3	1.2	—
	丙三醇	—	—	2.2	—	—
防冻剂		2	5	—	—	—
水		35	20	26	31	30

续表

原料			配比（质量份）				
			1#	2#	3#	4#	5#
改性聚氨酯乳液	甲基丙烯酸甲酯		—	—	15	25	20
	丙烯酸丁酯		—	—	12	5	10
	4,4－二异氰酸酯二环己基甲烷		—	—	10	20	16
	聚己内酯二元醇		—	—	25	15	20
	聚碳酸亚丙酯二醇		—	—	2	12	10
	三羟甲基丙烷		—	—	1	0.5	0.65
	二羟基半酯		—	—	2	3	2.6
	六氢－1,3,5－三（羟乙基）－均三嗪		—	—	5	1	3.2
	甲基丙烯酸羟乙酯		—	—	1	1.5	1.2
	0.5%的α－烯基磺酸钠水溶液		—	—	80	—	—
	0.2%的α－烯基磺酸钠水溶液		—	—	—	90	—
	0.35%的α－烯基磺酸钠水溶液		—	—	—	—	95
	引发剂	偶氮二异丁腈	—	—	—	0.2	0.5
		过硫酸钠	—	—	0.1	—	—
		过硫酸铵	—	—	—	0.3	—
		过氧化苯甲酰	—	—	0.1	—	—
	甲基丙烯酸		—	—	5	3	4
	丙烯酸丁酯		—	—	0.2	1	0.6
	甲基丙烯酸三氟乙酯		—	—	5	2	3.2
	硅烷偶联剂KH－570		—	—	2	3.5	3
	氮丙啶		—	—	1	2	2.2

制备方法 将各组分原料混合均匀即可。

原料介绍 所述改性聚氨酯乳液按照以下工艺进行制备：按上述质量份配比将甲基丙烯酸甲酯和丙烯酸丁酯混合均匀，然后加入4,4－二异氰酸酯二环己基甲烷、聚己内酯二元醇、聚碳酸亚丙酯二醇、三羟甲基丙烷、二羟基半酯和六氢－1,3,5－三（羟乙基）－均三嗪，在65～75℃下反应0.8～2.5h，然后加入甲基丙烯酸羟乙酯搅拌反应20～35min，调节体系为中性后加入质量分数为0.2%～0.5%的α－烯基磺酸钠水溶液，再加入引发剂后加入甲基丙烯酸、丙烯酸丁酯、甲基丙烯酸三氟乙酯和硅烷偶联剂KH－570，搅拌反应2～3.5h，调节体系的pH为碱性后加入氮丙啶，搅拌反应50～80min得到所述改性聚氨酯乳液。

所述引发剂为偶氮二异丁腈、过硫酸铵、过硫酸钠、过氧化苯甲酰中的一种或者多种的混合物。

所述成膜助剂为醇酯十二、乙二醇单丁醚、乙二醇苯醚、二丙酮醇、*N*－甲基吡咯烷酮中的一种或者多种的混合物。

防冻剂为氯化钙、丙二醇、乙二醇、丙三醇中的一种或者多种的混合物。

产品应用 本品主要是一种耐腐蚀耐水性聚氨酯涂料。

产品特性 本产品中，选择了水性丙烯酸乳液、水性聚苯胺乳液与改性聚氨酯乳液配合作为成膜物质，三者按照上述比例配合后，相容性好，性能协同，在赋予涂料优异的耐腐蚀性的同时改善了涂料的耐候性和耐热性。优选方式中，在改性聚氨酯乳液的制备过程中，选择了4,4－异氰酸酯二环己基甲烷、聚己内酯二元醇、聚碳酸亚丙酯二醇、三羟甲基丙烷、二羟基半酯和六氢－1,3,5－三（羟乙基）－均三嗪为原料，从而在聚氨酯乳液中引入了聚碳酸亚丙酯二醇，赋予涂料优异的耐磨性、耐候性和一定的阻燃性，引入了六氢－1,3,5－三（羟乙基）－均三嗪提高了体系的交联密度，同时赋予涂料一定的抗菌性，提高了涂料的耐腐蚀性，加入甲基丙烯酸羟乙酯后，其能起到交联的作用，一方面与体系中的异氰酸根反应，另一方面与加入的甲基丙烯酸、丙烯酸丁酯、甲基丙烯酸三氟乙酯和硅烷偶联剂KH－570中的双键发生聚合，得到丙烯酸酯改性的聚氨酯，与氮丙啶混合后，丙烯酸酯改性的聚氨酯中的羧基易与开环的氮丙啶发生交联反应，得到改性聚氨酯乳液。将其用作体系的成膜物质，一方面，由于体系中引入了氟原子和硅原子，改善了涂料的耐热性、耐腐蚀性和耐水性，另一方面，因氮丙啶与聚氨酯分子中的羧酸根发生了反应，消除了部分亲水基团，且分子链间产生了交联，形成了致密涂层，封闭了水分散体中的亲水基团，减少了水分子的渗入，增加了电解质的电离难度，同时阻碍了盐雾、氧气等腐蚀介质的侵入，减缓了腐蚀，改善了涂料的耐水性、耐溶剂性和耐腐蚀性，同时提高了涂料的拉伸强度、断裂伸长率和硬度。

纳米磷酸锌、硫酸钡、三聚磷酸铝加入体系中，具有协同作用，显著提高了涂料的耐腐蚀性，与高岭土、滑石粉、云母粉配合后，进一步改善了涂料的耐腐蚀性，同时提高了涂料的耐热性和耐水性。

配方 34　耐腐蚀水性涂料

原料配比

原料	配比（质量份）		
	1#	2#	3#
丙烯酸树脂	40	45	42
双酚A环氧树脂	20	23	22
甲基硅醇钾	5	8	7
硬脂酸镁	7	9	8
环氧改性有机硅树脂	10	15	12
碳化硅	8	12	10
钛白粉	12	15	13
水（一）	20	30	25
水（二）	35	40	38
醇酸树脂	5	8	7
滑石粉	15	18	16
丙二醇甲醚	3	4	4

制备方法

（1）将丙烯酸树脂、甲基硅醇钾、水和双酚A环氧树脂先放入搅拌釜内进行混合，控制搅拌釜中的温度在45～48℃，设定搅拌速度420～430r/min，搅拌时间20～25min；

（2）然后依次将硬脂酸镁、环氧改性有机硅树脂、碳化硅放入搅拌釜内进行混合，设定搅拌速度为520～550r/min，搅拌时间为40～45min；

（3）然后将钛白粉、水和醇酸树脂放入搅拌釜内进行混合，搅拌速度为800～900r/min，搅拌时间60～90min，控制搅拌釜中的温度在50～55℃；

（4）最后加入滑石粉和丙二醇甲醚搅拌30～35min，温度控制在42～45℃，搅拌速度为200～350r/min，然后空冷至室温，调制涂料pH值至7～8，即可得到所述耐腐蚀水性涂料。

原料介绍 所述钛白粉为提纯后钛白粉，钛白粉的提纯方法具体操作如下：

（1）先将有机溶剂用13X型分子筛脱水10～12d备用；

（2）将钛白粉、有机溶剂以及催化剂和捕捉剂加入350mm的三口烧瓶中室温搅拌30～50min后静置3～4h，再用由循环水试真空泵、布氏漏斗和锥形瓶组成的抽滤装置滤去析出的杂质；

（3）将去除过杂质的钛白粉加入三口烧瓶中，开始加热慢慢升温至50～55℃，使有机溶剂挥发出来并收集，升温至90～95℃，抽滤40～50min，即可得到提纯后的钛白粉。

产品应用 本品主要是一种耐腐蚀水性涂料。

产品特性

（1）通过本产品的技术方案，能增加涂料的使用寿命，该涂料不会发生起泡、龟裂、泛白、长霉斑、褪色甚至脱层等问题，可牢牢吸附在金属表面，从而具有很好的防腐防锈性能，且防腐蚀时间长；涂料原料易获取，生产工艺简单，施工方便，易于操作，施工周期短，后续加工无须脱模。

（2）通过本产品的技术方案，采用双酚A环氧树脂、甲基硅醇钾、钛白粉，涂料不仅挥发性低并具有化学惰性，比较稳定，而且毒性小，表面张力小，表面活性高，消泡力强，用量少，成本低。

配方35 耐磨高强度的水性涂料

原料配比

原料		配比（质量份）		
		1#	2#	3#
A组分	环氧改性有机硅树脂	85	88	86
	双酚A环氧树脂	32	35	33
	蓖麻油	10	15	14
	云母粉	5	8	7
	苯甲基硅树脂	12	16	15
	水溶环氧树脂	20	25	22
	六偏磷酸钠	2	4	3
	碳酸钙	45	50	48
	水	30	50	40
	甲酮	3	6	5

续表

原料		配比（质量份）		
		1#	2#	3#
B组分	环氧改性有机硅树脂	70	80	75
	十二烷基三甲基溴化铵	8	12	10
	金红石型钛白粉	10	12	11
	水	50	65	62
	尿素树脂粉	8	12	10
	漆酚甲醛缩聚物	30	35	33
	助剂	15	20	18
助剂	锆英石	3	5	4
	水	40	45	42
	石墨粉	10	15	13
	铜粉	14	16	15
	镍粉	7	9	8
	聚乙二醇	7	9	8
	滑石粉	4	8	5

制备方法

（1）将环氧改性有机硅树脂、双酚A环氧树脂、蓖麻油、云母粉、苯甲基硅树脂先放入第一搅拌釜内进行混合，控制搅拌釜中的温度在55～58℃，设定搅拌速度520～530r/min，搅拌时间32～35min，然后依次放入水溶环氧树脂、六偏磷酸钠、碳酸钙、水、甲酮进行混合，搅拌速度为750～800r/min，保持35～45min，然后空冷至室温，制成A组分并待用；

（2）将环氧改性有机硅树脂、十二烷基三甲基溴化铵、金红石型钛白粉、水、尿素树脂粉、漆酚甲醛缩聚物、助剂依次放入第二搅拌釜内进行混合，第二搅拌釜的温度为50～55℃，设定搅拌速度为820～850r/min，搅拌时间为55～60min，然后空冷至室温，制成B组分并待用；

（3）然后将第一搅拌釜内的A组分与第二搅拌釜内的B组分按1∶3比例进行混合，搅拌速度为650～660r/min，搅拌时间为1～3h，控制搅拌釜中的温度在65～70℃，然后空冷至室温，得到半成品；

（4）最后将步骤（3）中的半成品调制pH值为7～8，然后包装即可得到所述耐磨高强度的水性涂料。

原料介绍 所述助剂的制备方法为：将锆英石、石墨粉、铜粉、镍粉、聚乙二醇、滑石粉混合送入球磨机中粉碎，过40目筛，得到粉末颗粒A，将粉末颗粒A、水按1∶3的比例搅拌混合，搅拌10～15min，然后加热至610～620℃下煅烧2～3h后，空冷至室温，然后粉碎，过100目筛，即可得到助剂。

产品应用 本品主要是一种耐磨高强度的水性涂料。

产品特性 本水性涂料表面摩擦系数小，耐摩擦，并且颜色多样，使用寿命长，长期使用不会发生起泡、龟裂、泛白甚至脱层等问题，并且能在恶劣的环境下使用，使用范围广，具有耐高温性能，最高耐温温度达到380～425℃，且耐腐蚀性能强。

配方 36 耐热耐腐蚀水性聚氨酯涂料

原料配比

原料	配比（质量份）			
	1#	2#	3#	4#
水性聚氨酯树脂	100	120	105	115
双酚 F 型环氧树脂	25	22	24	23
酚醛环氧树脂	20	40	25	35
膨润土	4	2	3.4	2.6
气相白炭黑	1	3	1.6	2.3
云母粉	15	12	14	13
煅烧高岭土	17	20	17.5	18
重质碳酸钙	12	8	11	9
膨胀珍珠岩	22	25	23	24
氧化镁	2	1	1.8	1.6
三聚磷酸铝	1	3	1.5	2.5
硼酸锌	10	5	8	6
氢氧化镁	15	20	17	19
流平剂	5	3	4.5	3.3
分散剂	5	8	6	7
抗菌剂	4	2.5	3.5	3
消泡剂	1	2	1.6	1.8
润湿剂	2	1	1.6	1.5
水	30	50	35	45

制备方法 将各组分原料混合均匀即可。

产品应用 本品主要是一种耐热耐腐蚀水性聚氨酯涂料。

产品特性 本产品采用水性聚氨酯树脂、双酚 F 型环氧树脂和酚醛环氧树脂配合作为成膜物质，其中双酚 F 型环氧树脂的黏度小与原料中其他组分的混合性好、固化性能好，与水性聚氨酯树脂相互配合，使本产品具有优异的耐磨、耐腐蚀性能，与酚醛环氧树脂产生协同作用，加工工艺性能优良，固化成膜后的涂层力学性能优异，还进一步增强本产品的耐热及耐腐蚀性能。氧化镁、三聚磷酸铝、硼酸锌与成膜物质相互作用，促使成膜物质进一步发生交联，从而形成立体互穿的网状结构，从而使涂层的附着力增大，防腐蚀、耐热性能进一步提高。膨润土和气相白炭黑作为本产品的增稠剂和防沉助剂，大幅改善了本产品的稠度和防触变性，使本产品中的成膜物质和填充补强剂分布均匀，大大延长了本产品的使用寿命和保存时间，而且还能提高涂膜的致密性，进一步提高了涂膜的耐水、耐腐蚀性及与底材间的附着力。膨润土、气相白炭黑、云母粉、煅烧高岭土、重质碳酸钙、膨胀珍珠岩、氧化镁、氢氧化镁作为本产品的填充物，使本产品在固化后具有优异的强度、韧性、防水、抗老化、耐磨和耐腐蚀能力；膨润土、气相白炭黑、云母粉、煅烧高岭土、膨胀珍珠岩具有庞大的比表面积、表面多介孔结构和极强的吸附能力，不仅使本产品在固化后可吸附空气中的有害粉尘，而且由于内部多孔结构，使本产品热导率低，能够调节底材的温度，进一步提高耐热性能，同时与三聚磷酸铝、硼酸锌、氢氧化镁配合，进一步提高本产品的阻燃性能。上述组分与其他物料混合后，发生系列反应，最终形成的涂料化学稳定性好，具有优良的耐高温、耐酸碱、抗菌、防霉作用。流平剂、分散剂、抗菌剂、消泡剂、润湿剂及水混合作用，可提高涂料的沉降性、触变性及耐刷性，涂膜不易开裂，其耐热及耐腐蚀性能得到进一步增强。

配方 37　能够吸声降噪的泵阀用水性涂料

原料配比

原料	配比（质量份）
甲基丙烯酸甲酯	65
苯乙烯	60
过硫酸铵	0.5
磷酸酯单体	4
水	20
SDS	2
玻璃鳞片	35
硅烷偶联剂 KH－560	1
75% 乙醇	30
10% 氢氧化钠溶液	40
异丙醇	2
邻苯二酚	3
月桂酸钠	2
硅藻泥	17
α 纤维素	1.5
珍珠岩	6
陶瓷砖废料	5
碳酸氢钠	2
尿素	4
聚乙酸乙烯乳液	2
水	加至 1000

制备方法

（1）将水与 SDS 混合，放入反应釜中，边搅拌边升温至 70～80℃，然后加入一半量的甲基丙烯酸甲酯、苯乙烯以及过硫酸铵，恒温搅拌 30～40min 后继续加入剩余量的甲基丙烯酸甲酯、苯乙烯以及磷酸酯单体，保温 2～3h，得到含磷酸酯的丙烯酸乳液。

（2）将玻璃鳞片粉碎，过 100 目筛，然后将其置于 10% 氢氧化钠溶液中浸泡 30～40min，过滤，用水洗至中性待用；将硅烷偶联剂 KH－560 与 75% 乙醇混合形成溶液，将上述碱处理后的玻璃鳞片置于其中，均匀搅拌 30～40min，过滤后在烘箱中以 80～90℃的温度干燥 2～2.5h，得到表面改性玻璃鳞片。

（3）将陶瓷砖废料破碎成小块后与珍珠岩一起放入粉碎机中粉碎，过 100 目筛，然后与硅藻泥混合，共同放入高速混料机中，继续加入碳酸氢钠、聚乙酸乙烯乳液，以 1000r/min 的速度搅拌 30～40min 后送入造粒机中挤出造粒，最后将得到的颗粒放入烧结炉中，以 1200～1300℃的温度烧结 90～120min，冷却后取出，研磨过 200 目筛，得到改性填料；将异丙醇溶于 20～22 倍量的水中，加入邻苯二酚，改性填料，搅拌分散均匀后再在 2000r/min 下继续搅拌，直到浆料细度小于 45μm，得到混合浆料。

（4）最后将步骤（1）得到的含磷酸酯的丙烯酸乳液与步骤（3）得到的混合浆料混合，加入其余剩余成分，以 600r/min 的速度搅拌均匀即得。

产品应用 本品主要用于泵阀材料的表面，是能够吸声降噪的泵阀用水性涂料。

产品特性

（1）本产品首先在丙烯酸乳液的配制过程中添加适量的磷酸酯单体，不仅可以提高乳液的稳定性，而且可与底材形成致密的磷化膜，提高附着力的同时，提高了防腐蚀性能；本产品添加适量的异丙醇、邻苯二酚作为转锈剂，渗透性好，能够与泵阀表面的浮锈发生反应；本产品还在涂料的配制过程中添加了表面改性的玻璃鳞片，能够均匀地分散在涂料中，大大延长介质渗透的途径和时间，相应提高涂层的抗渗透性能，延长其耐蚀寿命。本产品通过添加多重防腐蚀的功能原料与丙烯酸乳液配合，制成的涂料具备良好的防腐效果，同时成本低，无 VOC 释放，安全环保。

（2）本产品添加珍珠岩、陶瓷砖废料、硅藻泥等成分，通过烧结，可以得到多孔结构的填料，具有一定的吸声效果，配合丙烯酸水性树脂基料，原料成本低，节约资源的同时消除了有机溶剂对环境和人体的危害；本产品制成的涂料附着力高，不易脱落，使用寿命长。

配方 38 环保型水性泵阀防锈涂料

原料配比

原料	配比（质量份）
甲基丙烯酸甲酯	65
苯乙烯	60
过硫酸铵	0.5
磷酸酯单体	4
水	20
SDS	2
玻璃鳞片	35
硅烷偶联剂 KH－560	1
75% 乙醇	30
10% 氢氧化钠溶液	40
异丙醇	2
邻苯二酚	3
微晶蜡	4

续表

原料	配比（质量份）
乳化硅油	2
纳米二氧化硅气凝胶	9
竹炭粉	6
双乙酸钠	2
磷酸锌	4
水	加至1000

制备方法

（1）将水与SDS混合，放入反应釜中，边搅拌边升温至70～80℃，然后加入一半量的甲基丙烯酸甲酯、苯乙烯以及过硫酸铵，恒温搅拌30～40min后继续加入剩余量的甲基丙烯酸甲酯、苯乙烯以及磷酸酯单体，保温2～3h，得到含磷酸酯的丙烯酸乳液。

（2）将玻璃鳞片粉碎，过100目筛，然后将其置于10%氢氧化钠溶液中浸泡30～40min，过滤，用水洗至中性待用；将硅烷偶联剂KH－560与75%乙醇混合形成溶液，将上述碱处理后的玻璃鳞片置于其中，均匀搅拌30～40min，过滤后在烘箱中以80～90℃的温度干燥2～2.5h，得到表面改性玻璃鳞片。

（3）将竹炭粉研磨，过200目筛，与纳米二氧化硅气凝胶混合，放入球磨机中球磨15～25min后加入乳化硅油，加热至50～60℃，继续球磨30～40min，冷却出料，放入烘箱中干燥后研磨，过300目筛，得到混合粉末；将双乙酸钠溶于15～18倍量的水中，加入上述混合粉末，搅拌分散均匀后加入异丙醇、邻苯二酚，在2000r/min的速度下搅拌，直到浆料细度小于45μm，得到混合浆料。

（4）最后将步骤（1）得到的含磷酸酯的丙烯酸乳液与步骤（3）得到的混合浆料混合，加入其余剩余成分，以600r/min的速度搅拌均匀即得。

产品应用 本品主要是一种用于泵阀器件表面的优化环保型水性泵阀防锈涂料。

产品特性

（1）本产品首先在丙烯酸乳液的配制过程中添加适量的磷酸酯单体，不仅可以提高乳液的稳定性，而且可与底材形成致密的磷化膜，提高附着力的同时，提高了防腐蚀性能；本产品添加适量的异丙醇、邻苯二酚作为转锈剂，渗透性好，能够与泵阀表面的浮锈发生反应；本产品还在涂料的配制过程中添加了表面改性的玻璃鳞片，能够均匀地分散在涂料中，大大延长介质渗透的途径和时间，相应提高涂层的抗渗透性能，延长其耐蚀寿命。本产品通过添加多重防腐蚀的功能原料与丙烯酸乳液配合，制成的涂料具备良好的防腐效果，同时成本低，无VOC释放，安全环保。

（2）本产品采用环保优化配方，原料简单易得，采用便于工艺控制的工艺，生产、储运、施工安全无危害，无毒。本产品涂料具备良好的力学性能以及良好的防腐性能，附着力强，用于泵阀器件表面，即使在潮湿的表面施工，仍然附着牢固。

配方 39 石墨烯水性工业涂料

原料配比

原料		配比（质量份）				
		1#	2#	3#	4#	5#
乳液	水溶性无油醇酸树脂	30	—	—	50	30
	丁苯乳液	—	30	—	—	—
	水性醇酸树脂	—	—	45	—	—
石墨烯水分散液	石墨烯与水的质量比为 1∶1000	5	—	—	10	1
	石墨烯与水的质量比为 1∶100	—	10	—	—	—
	石墨烯与水的质量比为 1∶500	—	—	2	—	—
氨中和剂	AMP－95	0.2	1	0.1	0.1	0.5
消泡剂	BYK－028	0.25	—	—	0.25	0.25
	DREWPLUS L－1311	—	0.5	0.3	—	—
润湿剂	Tego270	0.2	—	—	0.1	1
	琥珀酸二异辛酯酸酸盐	—	0.5	—	—	—
	烷基芳基聚醚	—	—	0.8	—	—
流平剂	EFKA3772	0.5	—	—	0.1	1
	烷基改性有机硅氧烷	—	1	—	—	—
	氟改性丙烯酸酯	—	—	0.5	—	—
色浆	白浆 70%	20	—	—	40	—
	白浆 80%		10	30	—	25
增稠剂	HASE－5	1	—	—	5	3
	聚氨酯增稠剂	—	5	—	—	—
	缔合型碱溶胀增稠剂	—	—	3	—	—
水		5	30	20	30	20

制备方法

（1）将乳液、石墨烯水分散液加入混合釜中搅拌至混合均匀，得到混合物 a。搅拌时间为 30～40min，搅拌转速为 600～800r/min。

（2）依次向步骤（1）中的混合物 a 中加入消泡剂、润湿剂、流平剂、色浆，继续搅拌至混合均匀，得到混合物 b。搅拌时间为 30～40min，搅拌转速为 600～800r/min。

（3）缓慢向步骤（2）中的混合物 b 中加入水、氨中和剂和增稠剂，并搅拌均匀，得到石墨烯水性工业涂料成品。搅拌时间为 30～40min，搅拌转速为 600～800 转/min，pH 值控制在 7.5～8.5 之间。

产品应用 本品主要用于化工领域，是一种石墨烯水性工业涂料。

产品特性 根据使用条件确定乳液种类后，在水性工业涂料中添加通过超声方法制得的石墨烯水分散液，利用石墨烯巨大的比表面积和特殊的二维结构，将石墨烯有效地分散到水性工业涂料的整个体系中，与树脂成分结合，通过石墨烯本身的高稳定性和高强度能力，从而提高整个体系的耐磨能力和硬度。同时，由于石墨烯具有优异的导电性，能够有效地缓解电化学腐蚀，再加上其结构特点，能够形成保护膜，进一步提高水性工业涂料的耐腐蚀能力。

配方 40 石墨烯增强水性抗氧化耐热涂料

原料配比

原料		配比（质量份）		
		1#	2#	3#
石墨烯分散液	氧化石墨烯	1	5	2
	水	1000	1000	1000
成膜物	改性甲基有机硅乳液	500	400	—
	改性中油度醇酸树脂乳液	—	100	—
	改性长油度醇酸树脂乳液	—	—	500
石墨烯分散液		200	300	400
填料	轻质碳酸钙	100	40	14.2
	沉淀硫酸钡	100	40	14.2
	堇青石	30	—	30
	云母粉	30	30	—
	石英砂	40	40	11.6
	硅微粉	—	20	30
	氧化铝	—	30	—

制备方法

（1）制备石墨烯分散液：按比例分别称取氧化石墨烯和水，混合后在100～150W功率下超声波分散30～60min，得到石墨烯分散液。

（2）配料：按比例分别称取成膜物、石墨烯分散液和填料。

（3）研磨：向成膜物中加入石墨烯分散液和填料，手工或搅拌机高速搅拌至少1min，然后放入砂磨机研磨，直至细度低于40μm后出料，得到石墨烯增强水性抗氧化耐热涂料。

产品应用 本品主要是一种石墨烯增强水性抗氧化耐热涂料。

所述石墨烯增强水性抗氧化耐热涂料的使用方法：

（1）基底预处理：用砂纸将待涂覆基底表面打磨粗糙，之后用汽油或丙酮清洗待涂覆基底表面并晾干；

（2）涂覆：向基底表面刷涂或使用喷枪喷涂石墨烯增强水性抗氧化耐热涂料，涂覆厚度为0.01～1mm；

（3）固化：将涂覆的石墨烯增强水性抗氧化耐热涂料涂层在200℃的烘箱中放置30min～1h即可。

产品特性 本产品提出了一种石墨烯增强水性抗氧化耐热涂料的配方，其制备方法和使用方法克服了现有耐热涂料耐水性和耐腐蚀性不足的问题。本产品的工作原理是将在水介质中溶解分散均匀的氧化石墨烯添加到涂料体系中，通过研磨实现了在涂料中的优异分散，涂覆成膜后，利用石墨烯的片层结构和导热耐热能力，提高了涂层的耐温性、抗氧化性和耐腐蚀性。制备的涂覆有石墨烯增强水基水性抗氧化耐热涂料的钢材具有优异的耐高温性能，经测试，试样经 800℃空气环境保温 200h 后涂层完好，试样增重率低于 2%，并且耐温后可耐中性盐雾腐蚀 400h 以上涂层完好不腐蚀。

配方 41　双组分无铬水性金属防腐涂料

原料配比

原料			配比（质量份）						
			1#	2#	3#	4#	5#	6#	7#
A 组分	钝化片状锌铝混合粉浆	500 目球状锌粉	70	65	72	68	75	—	
		片径不大于 20μm、厚度不大于 0.3μm 片状锌粉	—	—	—	—	—	20	22
		片径不大于 20μm、厚度不大于 0.3μm 片状铝粉	—	—	—	—	—	5	5
		FLT2 球状铝粉	12	7	8	10	14	—	—
		碳酸乙烯酯	15	11	14	18	19	—	—
		钼酸钠	1.0	—	—	1.1	0.2	—	—
		钼酸铵	—	0.9	1.0	—	0.8	—	—
	钝化片状锌铝混合粉浆		28	30	32	34	29	—	—
	分散剂常温液态聚乙二醇		48	50	48	50	60	45	50
	表面活性剂	NP－9	0.5	—	—	0.7	0.5	1	—
		NP－4	—	0.2	—	—	0.5	—	—
		NP－10	—	—	—	—	—	—	1
		OP－10	—	—	0.5	—	—	—	—
B 组分	钝化剂	钼酸钠	2	8	4	—	—	6	—
		钼酸铵	—	—	—	6	5	—	6
	天然沸石		2	0.2	5	6	—	6	—
	电导率为 0.1～1μS/cm 的水		50	45	51	47	53	47	47
	硅烷偶联剂	KH－560	14	—	—	—	14	—	—
		KH－550	—	13	—	—	—	—	—
		KH－570	—	—	14	—	—	—	—
		A－151	—	—	—	—	—	—	13
		A－174	—	—	—	12	—	12	
	工业硼酸		2.0	0.8	1.1	2.0	2.2	2.0	2.0
A 组分:B 组分			50:65	50:65	50:70	50:65	50:65	50:65	50:65

制备方法

（1）将球状锌粉 325 或 500 目、球状铝粉 FLT2 或 FLT3 按所述质量比例与碳酸乙烯酯混合，再加入钼酸盐粉搅拌均匀，将球状锌粉和球状铝粉加工成片状锌粉和片状铝粉，制成钝化片状锌铝混合粉浆，锌铝混合粉的片径为 1～20μm，厚度为 0.1～0.3μm；或用所述质量比例的片状锌粉和片状铝粉，加入分散剂和表面活性剂，在搅拌条件下混合，再用分散机充分搅拌分散均匀，制成片状锌铝混合粉浆，锌铝混合粉的片径均为1～20μm，厚度为0.1～0.3μm，直接制成A组分。

（2）按所述质量比例将片状锌铝混合粉浆和分散剂、表面活性剂在搅拌条件下混合，再用分散机充分搅拌分散均匀，制成A组分。

（3）先将所述质量比例的钝化剂与沸石在水中搅拌混合，再按所述质量比例将硅烷偶联剂、硼酸在搅拌条件下混合水解，直至搅拌分散成均匀液体，制成B组分。

（4）在使用前将A、B两组分按1:（1.3～1.4）的质量比例混合搅拌均匀，制成成品涂料。

产品应用 本品主要用作双组分无铬水性金属防腐涂料。使用方法：涂装方式可刷涂、喷涂或浸涂方式进行。固化方式采用加热烧结，在70～100℃烘干10～30min，再在320～340℃下烧结固化20～40min。

产品特性

（1）本产品中采用的钝化片状锌铝混合粉浆是在钼酸盐钝化剂保护下，将球状锌铝粉加工成片状锌铝粉浆制备得到。在将球状锌铝粉变成片状锌铝粉过程中，随着锌铝粉新的表面产生，比表面积增大的同时，钝化剂就将新产生的表面迅速钝化，从而保证了片状锌铝粉浆中的片状锌粉和铝粉全表面完全钝化。完全钝化的片状锌粉和铝粉不会产生水化反应，保证了金属粉浆加工的安全性。

（2）本产品制备的无铬水性金属防腐涂料采用钝化缓释技术，使配制后的成品涂料的长期稳定性大大提高，成品涂料的稳定期限达到了一年。

（3）本产品制备的无铬水性金属防腐涂料采用碳酸乙烯酯替代200号溶剂油，使涂料在固化时降低了有害气味的挥发，工艺过程更加环保。

（4）本产品涂料在15μm的涂层厚度下，至少达到1600h的盐雾试验无锈点。

配方42 水性UV有机硅—聚氨酯防腐涂料

原料配比

原料		配比（质量份）					
		1#	2#	3#	4#	5#	6#
水性聚氨酯丙烯酸酯	LD－3200S型水性UV聚氨酯树脂	25.0	22.0	25	30	32	28
水性环氧丙烯酸酯	TJ157－70水性丙烯酸改性环氧酯树脂	20.0	18.0	17	15	12	16
硅丙乳液	5305B硅丙乳液	6.0	7.0	10	8	6	6
水性聚氨酯	KAT－M3201水性聚氨酯	5.0	10.0	9	9	11	12
光引发剂		6.0	6.0	6.5	5.5	5.5	5.5
光引发剂	1173光引发剂	3	—	—	—	—	—
	水	7	—	—	—	—	—
防划伤助剂	道康宁DC－51	0.2	0.2	0.2	0.2	0.2	0.2
流平剂	BYK－323	0.2	0.2	0.2	0.2	0.2	0.2
消泡剂	BYK－024	0.2	0.2	0.2	0.2	0.2	0.2
增稠剂	罗门哈斯RM－8W	0.4	0.4	0.4	0.4	0.4	0.4
防冻剂	乙二醇	0.5	0.5	0.8	0.8	0.8	0.8

续表

原料		配比（质量份）					
		1#	2#	3#	4#	5#	6#
防闪锈剂	德谦 FA-179	1.0	1.0	1.0	1.0	1.0	1.0
颜料	钛白粉	10	9.8	9.3	9	10	9.9
	铁红	—	—	0.5	—	—	0.5
	柠檬铬黄	—	—	—	0.85	—	—
	炭黑	—	0.2	0.2	0.15	—	0.1
	三聚磷酸铝	—	11	12	—	—	—
	磷酸锌	—	—	—	—	10	—
填料	轻质碳酸钙	11	—	—	—	—	—
	硫酸钡	14.9	—	—	8.1	11.4	—
	云母粉	—	13.0	—	—	—	12
	硅灰石	—	—	10.1	—	—	—

制备方法

（1）按照上述的配比称取水性聚氨酯丙烯酸酯、水性环氧丙烯酸酯、硅丙乳液、水性聚氨酯、光引发剂、防划伤助剂、流平剂、消泡剂、防冻剂、增稠剂、防闪锈剂、颜料和填料；

（2）先将水性聚氨酯丙烯酸酯、水性环氧丙烯酸酯、硅丙乳液和水性聚氨酯混合均匀，然后依次加入光引发剂、防划伤助剂、流平剂、消泡剂、防冻剂、增稠剂、防闪锈剂、颜料和填料，分散均匀后进行研磨，研磨至细度小于30μm，得到水性UV有机硅-聚氨酯防腐涂料。

产品应用 本品主要用于钢构、金属、塑料、木器等表面防腐或装饰涂装。

产品特性 本产品先利用水性聚氨酯丙烯酸酯、水性环氧丙烯酸酯、硅丙乳液、水性聚氨酯等干燥成膜后；光固化时，使得水性树脂进一步交联，从而形成网状结构，大大提高其耐水性、抗裂性、硬度、耐磨性、耐盐雾性和耐老化性等性能。

配方43 水性板材涂料

原料配比

原料	配比（质量份）
脂肪酸	20~25
环氧树脂	40~50
氨基树脂	10~20
氧化锌	0.1~0.5
滑石粉	5~10
重钙粉	10~15
高岭土	10~12
消泡剂	0.3~0.6
增稠剂	0.5~3

续表

原料	配比（质量份）
流平剂	0.5～1
成膜剂	0.2～0.8
防腐剂	0.5～1
水	加至100

制备方法

（1）在氮气保护下，向反应釜中加入脂防酸和环氧树脂，搅拌升温至120～125℃，加入氧化锌，酯化反应2.0～2.5h；

（2）加入水稀释，制得固体含量（45±5）%的水性环氧改性聚酯树脂；

（3）将水性环氧改性聚酯、氨基树脂、消泡剂、增稠剂、流平剂、成膜剂、防腐剂及水依次加入搅拌釜中，在600～800r/min转速条件下，搅拌10～30min；

（4）再依次加入滑石粉、重钙粉、高岭土，在800～1000r/min转速条件下，搅拌分散20～30min；

（5）调节黏度，在800～1000r/min转速条件下，搅拌20～25min即可。

原料介绍 所述成膜剂为丙二醇乙醚。

所述消泡剂为改性聚硅氧烷。

所述增稠剂为聚氨酯。

所述流平剂为氟改性丙烯酸酯。

所述防腐剂为杂环化合物。

产品应用 本品主要是一种水性板材涂料。

产品特性 本产品中的水性环氧改性聚酯具有优良的力学性能、水溶性、稳定性及耐候性，在施工喷涂、耐涂、擦涂过程中其特性能充分表现出来，尤其丰满度很好。氨基树脂可以固化成性能全面的涂膜，通过调配氨基树脂的使用量，可以调节涂膜的附着力、力学性能、耐久性等性能，可以适用不同用户的要求。

配方44 水性丙烯酸树脂防腐涂料

原料配比

原料	配比（质量份）		
	1#	2#	3#
改性的丙烯酸乳液	30	55	40
水性环氧树脂	16	25	20
硅溶胶	10	16	12
三聚磷酸铝	4	6	5
防腐颜料磷酸锌	5	15	12
颜填料氧化铁红	20	40	30
助剂	0.5	5	3
水	10	15	12

续表

原料		配比（质量份）		
		$1^{\#}$	$2^{\#}$	$3^{\#}$
改性的丙烯酸乳液	羟基硅油	50	60	55
	硅烷偶联剂 KH－570	10	15	12
	KOH	3	5	4
	乙酸乙酯	6	10	8
	丙烯酸丁酯	12	15	13
	丙烯酸甲酯	5	10	8
	乳化剂	1	2	2
	水	60	70	5
	引发剂偶氮二环己基甲腈	3	6	5
	改性聚硅氧烷预聚体	6	10	7

制备方法 将改性的丙烯酸乳液、水性环氧树脂、硅溶胶、三聚磷酸铝、助剂和水混合搅拌均匀，然后边搅拌边加入防腐颜料及颜填料，搅拌均匀，得水性防腐涂料。

原料介绍 所述防腐颜料是磷酸锌、改性磷酸锌、钼酸锌中的一种或几种任意比例混合物。

所述助剂是润湿剂、分散剂、成膜助剂、pH 调节剂、消泡剂、流变助剂按任意比例的混合物。

所述颜填料可以是氧化铁红、钛白粉、硫酸钡、滑石粉、云母粉中的一种或几种任意比例的混合物。

所述改性的丙烯酸乳液的制备方法是：

（1）按上述质量配比，将羟基硅油、硅烷偶联剂 KH－570、KOH、乙酸乙酯混合均匀，在氮气气氛下，升温至90℃后保持反应3h，得到改性聚硅氧烷预聚体；

（2）按质量份计，取丙烯酸丁酯、丙烯酸甲酯、乳化剂和水，高速搅拌0.5～1h，再加入引发剂，在70～80℃下反应0.5～2h，再滴加改性聚硅氧烷预聚体和引发剂，在70～80℃下反应2～3h，再用氨水调节pH值至7，得到改性的丙烯酸乳液。

所述偶氮类引发剂选自偶氮二异丁酸二甲酯、偶氮二异丁脒盐酸盐、偶氮二甲酰胺、偶氮二异丙基咪唑啉盐酸盐、偶氮异丁氰基甲酰胺、偶氮二环己基甲腈、偶氮二氰基戊酸、偶氮二异丙基咪唑啉、偶氮二异丁腈、偶氮二异戊腈和偶氮二异庚腈中的一种或多种。

所述羟基硅油中的羟基含量是8%。

所述水性环氧树脂是陶氏化学的 OudraSperse WB 6001。

所述硅溶胶是山东百特新材料有限公司的 PA30。

所述助剂：润湿剂（FLASH－X330，美国 Halox 公司）、分散剂（BYK－191，德国毕克）、成膜助剂（Texanol，伊士曼化工公司）、pH 调节剂（AMP－95，陶氏化学）、消泡剂（海川8225，海川新材料科技有限公司）、流变助剂（凹凸棒土，南京团结活性白土厂）。

产品应用 本品主要是一种水性丙烯酸树脂防腐涂料。

产品特性 本产品涂料具有存储时间长的优点，经过12个月以上的存储仍然能够具有较好的涂膜性能。

配方45 水性超薄膨胀型钢结构防火涂料（一）

原料配比

原料	配比（质量份）				
	1#	2#	3#	4#	5#
聚磷酸铵	19	25	21	23	22
三聚氰胺	10	16	12	14	13
季戊四醇	4	10	6	8	7
氯偏乳液	12	18	14	16	15
聚氨酯丙烯酸酯	4	8	5	7	6
偏硅酸钠	3	7	4	6	5
氯化钙	2	5	3	4	3.5
水	20	30	22	28	25
增稠剂	1.4	2	1.6	1.8	1.7
分散剂	2.5	4.5	3	4	3.5
消泡剂	0.17	0.25	0.19	0.23	0.21
pH调节剂	调节至中性	调节至中性	调节至中性	调节至中性	调节至中性

制备方法

（1）将水加入搅拌器内，加入增稠剂、分散剂和消泡剂，持续搅拌10～24min；

（2）取聚磷酸铵、三聚氰胺、季戊四醇、聚氨酯丙烯酸酯和偏硅酸钠混合，置于研磨机内，研磨30～50min，控制混合物的细度小于65μm；

（3）将步骤（1）与步骤（2）所制原料混合，再加入氯偏乳液和氯化钙，水浴加热状态下，搅拌20～30min，分散均匀，再加入pH调节剂，调节pH至中性，即得水性超薄膨胀型钢结构防火涂料。

原料介绍 所述增稠剂为羧甲基纤维素；所述分散剂为三聚磷酸钠；所述消泡剂为磷酸三丁酯。

产品应用 本品主要用于防火涂料领域，是一种水性超薄膨胀型钢结构防火涂料。

产品特性 本产品原料配比科学，制备工艺简单。本产品所得防火涂料发泡均匀，强度高，与钢板结合紧密，不易脱落，热稳定性能好，防火效果显著。

配方46 水性超薄膨胀型钢结构防火涂料（二）

原料配比

原料		配比（质量份）		
		1#	2#	3#
乳液	环氧树脂	30	40	50
	苯丙烯酸树脂	20	22	25
	聚酰胺树脂	20	22	25
	水	55	57	60

续表

原料		配比（质量份）		
		1#	2#	3#
阻燃发泡体系	磷酸二氢铵	5	7	10
	三聚氰胺磷酸酯	10	15	20
阻燃发泡体系		10	13	15
邻苯二甲酸二丁酯		2	3	4
可膨胀石墨		10	13	15
纳米二氧化硅		5	7	8
三氧化二钼		0.1	0.3	0.5

制备方法

（1）乳液的制备：按上述配比，将环氧树脂、苯丙烯酸树脂、聚酰胺树脂、水加到分散机中，搅拌30min，形成乳液；

（2）阻燃发泡体系的制备：将磷酸二氢铵、三聚氰胺磷酸酯加入研磨机中，研磨20～30min，制得阻燃发泡体系；

（3）涂料的制备：在继续搅拌的条件下，在乳液中加入阻燃发泡体系、邻苯二甲酸二丁酯、可膨胀石墨、纳米二氧化硅、三氧化二钼，继续搅拌30min，即可得到所述涂料。

产品应用 本品主要用作水性超薄膨胀型钢结构防火涂料。

产品特性

（1）制备工艺简单，操作简便；

（2）采用环氧树脂、苯丙烯酸树脂、聚酰胺树脂水性树脂基料，安全环保；

（3）用本产品制得的超薄型防火阻燃涂料阻燃性、耐火性和隔热性能得到了提升，黏结性能强，不易脱落；

（4）添加纳米二氧化硅，有效延缓涂料的老化进程，保持防火性能的稳定。

配方47 水性超薄型钢结构防火涂料（一）

原料配比

原料	配比（质量份）	
	1#	2#
聚合度为2000的聚磷酸铵	25	26
三聚氰胺	6	8
纯度为99.8%的季戊四醇	8	9
钛白粉	7	8
硼酸锌	5	6
滑石粉	2	3
丙烯酸树脂	20	20
水	27	20

制备方法 按上述配比依次称取原料，将其加入球磨机内；球磨至少15h，同时

调节黏度，测试细度；黏度为（300±50）s，细度≤100μm 时放料，即得防火涂料。

产品应用 本品主要应用于机场、电厂、石化厂、体育场、商业广场、工业厂房、高层建筑等室内裸露钢结构的防火保护。

产品特性

（1）本涂料在普通防火涂料的基础上进行改进，遇到火灾时，丙烯酸树脂可增加碳化层厚度，耐高温火焰冲击，提高钢结构的耐火极限，涂层 2mm 就能达到耐火 2h，施工方便，成本较低。

（2）本涂料受火烧时能膨胀发泡并形成致密的隔热层，从而延缓钢材的升温，可提高钢结构的耐火极限，耐火极限可达 2h。与普通的钢结构涂料相比，本涂料粒度更细、涂层更薄、施工方便、装饰性好，具有优越的黏结强度和装饰效果，既可满足防火要求，又能满足人们对装饰性的需要。

配方 48 水性超薄型钢结构防火涂料（二）

原料配比

原料		配比（质量份）		
		1#	2#	3#
乳液		60	70	90
水		50	60	80
阻燃剂		15	20	25
季戊四醇		10	13	15
硼酸锌		1	3	4
邻苯二甲酸二丁酯		2	3	5
聚二甲基硅氧烷		1	3	5
二丙酮醇		1	3	5
纳米二氧化钛		3	5	7
硅粉		5	6	8
三氧化二钼		0.2	0.3	0.5
乳液	环氧树脂乳液	1	1	1
	苯丙乳液	3	5	6
	聚酰胺树脂乳液	5	7	8
阻燃剂	三聚氰胺磷酸酯	1	1	1
	聚磷酸铵	2	4	5

制备方法 将各组分原料混合均匀即可。

产品应用 本品主要用作水性超薄型钢结构防火涂料。

产品特性

（1）混合乳液附着力好，膨胀倍率高，泡孔均匀，膨胀层致密而硬度高，防火效果好；

（2）流动性能好，黏结性强，不易脱落，耐候性较高；

（3）用量少、成本低，环保安全，同时具有防腐功能。

配方 49 水性醇酸树脂涂料

原料配比

原料	配比（质量份）		
	1#	2#	3#
油酸	120	140	160
三羟乙基异氰脲酸酯	110	130	150
氢化双酚 A	50	70	90
间苯二甲酸	80	100	120
二甲苯	5	6	7
壬二酸	25	30	35
乙二醇单丁醚	90	110	130
乳化剂	10	12	14
中和剂	15	20	25
水	400	425	450

制备方法 在装有搅拌器、温度计和冷凝管的四口烧瓶中加入油酸、三羟乙基异氰脲酸酯、氢化双酚 A，搅拌升温到 100℃，加入间苯二甲酸和二甲苯，至二甲苯回流，再升温到 230℃，保温反应至黏度、酸值合格后，降温加入壬二酸，在 200℃ 保温，达到树脂要求指标后，降温至 180℃，加乙二醇单丁醚，80℃下加乳化剂、中和剂及水，并搅拌均匀，过滤，得成品。

产品应用 本品主要是一种水性醇酸树脂涂料。

产品特性 本产品防腐性能好，光泽高，硬度及附着力好，固化温度较低，施工稳定性优良，且储存稳定性高。

配方 50 水性带锈环氧涂料

原料配比

原料	配比（质量份）			
	1#	2#	3#	4#
水	20	20	20	25
分散剂 BYK－190（非离子型）	0.75	—	0.5	0.5
分散剂 1277（阳离子型）	—	0.75	0.25	0.25
消泡剂 Tego810W	0.25	0.25	0.25	0.25
三聚磷酸铝（800 目）	8	8	8	8
进口磷酸锌（800 目）	3	3	3	3
氧化铁红（800 目）	7.5	7.5	7.5	7.5
湿法绢云母（1250 目）	2.5	2.5	2.5	2.5
沉淀硫酸钡（1250 目）	5	5	5	5
有转锈功能的水性阳离子环氧树脂	50	50	50	45
防闪锈剂 H－150	0.5	0.5	0.5	0.5
基材润湿剂 BYK－346	0.2	0.2	0.2	0.2
增稠剂 RM－8W	0.3	0.3	0.3	0.3

制备方法

（1）制备转锈功能单体：将350～400g 3,4,5－三羟基苯甲酸和650～700g 乙酸酐在冰浴中冷却，加入干燥的吡啶，常温下放置过夜，加入8%～12%的稀硫酸析出晶体，抽滤，晶体回溶于饱和的碳酸氢钠溶液中，滤出不溶物，用8%～12%的稀盐酸酸化，析出产物，经水洗、抽滤、干燥，即得三乙酰基苯甲酸；350～370g三乙酰基苯甲酸中依次加入400mL溶剂、催化剂和340～360g $SOCl_2$，搅拌升温至55～65℃，回流反应2.5～3.5h，蒸去溶剂，得到产物转锈功能单体。

（2）制备具有转锈功能的水性阳离子环氧树脂：在55～65℃下用无水乙醇将环氧树脂溶解，然后滴加二乙醇胺，滴毕后继续加热至75～85℃，恒温反应2～3h；完全反应后在55～65℃下减压蒸馏出乙醇，即得二乙醇胺改性的环氧树脂；在二乙醇胺改性的环氧树脂中加入步骤（1）所制得的转锈功能单体，环氧树脂：转锈功能单体的摩尔比为1∶3，再加入吡啶作为缚酸剂，在35～45℃下反应5～7h后，减压蒸馏出吡啶；加入适量冰醋酸和水调节pH值至5.5～6.5，加入200～400μg/g催化剂乙酰氯，常温下搅拌反应5～7h，水解脱去保护的乙酰基还原出酚羟基，最后再加入适量的水搅拌，即得具有转锈功能的水性阳离子环氧树脂。

（3）制备水性带锈环氧涂料：按上述质量份将颜填料、水、分散剂、消泡剂和具有转锈功能的水性阳离子环氧树脂研磨至细度在25μm以下（一般在15～25μm之间），按质量份再将增稠剂、防闪锈剂和基材润湿剂加入，分散均匀，过滤得具有转锈防锈功能的水性带锈环氧涂料。

原料介绍　所述颜填料为氧化铁红、三聚磷酸铝、进口磷酸锌、钛白粉、云母、沉淀硫酸钡、氧化锌、炭黑中的一种或几种。其中，三聚磷酸铝、磷酸锌、氧化锌为防锈颜料，可以在涂层中缓慢水解产生多酸络合物，保护基材，防止金属进一步氧化，以达到稳定锈蚀的目的。

所述分散剂为BYK－190（非离子型）、Tego740W（非离子型）、1227（阳离子型）中的一种或几种。

所述消泡剂为BYK－018、BYK－022、Tego810W中的一种或几种。

所述增稠剂为RM－8W、RM－2020、0620中的一种或几种。

所述防闪锈剂为H－150、E660B、H－10、亚硝酸钠中的一种或几种。

所述基材润湿剂为BYK－346、LA50中的一种或几种。

所述环氧树脂为E－20、E－44、E－51、E－54中的一种或几种。

所述溶剂为二氯甲烷、甲苯、环己烷中的一种或几种，催化剂选用二甲基甲酰胺或二甲基乙酰胺，催化剂的用量为三乙酰基苯甲酸质量的1.0%～1.5%。

产品应用　本品主要应用于钢结构防腐，用于桥梁和管道设备等，尤其是户外的大型设备、无法进行抛丸处理等一些表面处理的场合。

施工时配合适当的固化剂充分混合后喷涂施工，即可形成完整涂膜。

产品特性

（1）原料来源广泛易得，成本低廉。

（2）涂料中不含磷酸转锈剂，颜填料中也无铬酸盐等重金属物质，低VOC含量，属于环境友好型高分子涂料。

（3）与传统的共混涂料相比，将转锈功能单体接枝在环氧树脂上制得的涂料防锈蚀能力更强且更加稳定。

(4) 环氧树脂本身有良好的附着力，阳离子树脂呈酸性可以防止带锈基材在涂装过程中进一步腐蚀。

(5) 水性带锈环氧涂料中含有稳定型的防锈颜料，前期防腐和后期防腐都可以达到很好的效果。

配方 51 水性防腐散热涂料

原料配比

原料		配比（质量份）					
		1#	2#	3#	4#	5#	6#
基体树脂水性分散体		35	37	38	40	36	40
固化剂		3	3.5	4	5	4.5	4
偶联剂		0.8	0.9	1	1.2	1.1	1
金属盐		0.2	0.3	0.4	0.5	0.35	0.2
无机溶胶		3	3.5	4	5	4.5	4
纳米碳材料		10	12	13	15	11	10
水		48	42.8	39.6	33.3	42.55	40.8
基体树脂水性分散体	单体混合物	3.5	4.44	4.9	6	3.96	4
	环氧树脂	3.5	4.44	4.9	6	3.96	4
	引发剂	0.035	0.074	0.152	0.2	0.108	—
	过氧化苯甲酰	—	—	—	—	—	0.04
	过氧化十二酰	—	—	—	—	—	0.04
	中和剂	0.35	0.444	0.494	0.6	0.396	—
	氨水	—	—	—	—	—	0.2
	助溶剂	7	8.88	10.64	12	9	—
	三乙醇胺	—	—	—	—	—	0.2
	乙二醇甲醚	—	—	—	—	—	4
	乙二醇丁醚	—	—	—	—	—	4
	水	20.615	18.722	16.834	15.2	18.576	23.52
单体混合物	芳香族乙烯基类单体苯乙烯	2.1	2.886	—	2.1	1	1
	乙烯基甲苯	—	—	3.3592	2.1	1.4552	1.4
	（甲基）丙烯酸	1.4	1.554	—	—	0.2048	0.3
	（甲基）丙烯酸羟丙酯	—	—	—	0.6	0.3	0.3
	（甲基）丙烯酸正丁酯	—	—	—	0.6	0.3	0.3
	（甲基）丙烯酸羟乙酯	—	—	1.5808	—	0.3	0.3
	（甲基）丙烯酸异辛酯	—	—	—	0.6	0.4	0.4

制备方法

(1) 将按所述比例配备的基体树脂水性分散体倒入搅拌器中，调节搅拌器转速为 1000～1600r/min；

（2）向所述基体树脂水性分散体中加入按所述比例配备的其他组分，然后搅拌20～30min；

（3）过滤后得到水性防腐散热涂料。

原料介绍 所述固化剂为三聚氰胺、间苯二甲胺、封闭型苯代异氰酸酯中的一种或几种的混合物。

所述偶联剂为双（二辛氧基焦磷酸酯基）亚乙基钛酸酯、甲基－三（甲基乙酰胺基）硅烷、3－氨基丙基四乙氧基硅烷、3－（2,3－环氧丙氧）丙基三甲氧基硅烷、γ－巯丙基三甲氧基硅烷中的一种或几种的混合物。

所述金属盐为乙酰丙酮锆、氟锆酸钠、氟锆酸铵、五氧化二钒、偏钒酸铵、钼酸钠、钼酸铵中的一种或几种的混合物。

所述无机溶胶为MgO、CaO、SiO_2、ZnO、Al_2O_3中的一种或几种的混合物。

所述纳米碳材料为碳纳米管、石墨烯中的至少一种，所述碳纳米管直径为0.5～110nm,长度为40nm～20μm，所述石墨烯厚度为0.32～9nm，平均直径为550nm～110μm。

所述环氧树脂为环氧E－41、环氧E－44、环氧E－51中的一种或几种的混合物。

所述引发剂为过氧化苯甲酰、过氧化十二酰、偶氮二异丁腈、偶氮二异庚腈中的一种或几种的混合物。

所述中和剂为氨水、三乙醇胺、*N,N*－二乙基乙醇胺、*N,N*－二甲基乙醇胺、AMP－95中的一种或几种的混合物；

所述助溶剂为乙二醇甲醚、乙二醇丁醚、丙二醇甲醚、丙二醇丁醚、（二）甲苯中的一种或几种的混合物。

所述芳香族乙烯基类单体为苯乙烯、乙烯基甲苯中的至少一种，所述丙烯酸类单体为（甲基）丙烯酸、（甲基）丙烯酸羟乙酯、（甲基）丙烯酸羟丙酯、（甲基）丙烯酸正丁酯、（甲基）丙烯酸异辛酯中的至少一种。

所述基体树脂水性分散体的方法，其包括如下步骤：

（1）将按所述比例配备的环氧树脂与按所述比例配备的助溶剂混合，并在120～130℃下保温1～1.5h，充分溶解后搅拌均匀，得到混合物A；

（2）保持温度不变，按所述比例配备引发剂，将占引发剂总量76%～80%的引发剂与按所述比例配备的单体混合物混合，搅拌均匀且加入的引发剂溶解完全，得到混合物B，在3～4h内将所述混合物B滴加于所述混合物A内，并保温1～1.5h，得到混合物C；

（3）继续保持温度不变，向所述混合物C内加入占引发剂总量10%～12%的引发剂，间隔1h后再加入占引发剂总量10%～12%的引发剂，保温2～3h，得到混合物D；

（4）降温至室温，向所述混合物D内加入按所述比例配备的中和剂调节pH值至6.8～7.2，得到混合物E；

（5）向所述混合物E内加入按所述比例配备的水，搅拌1min后得到基体树脂水性分散体。

产品应用 本品主要用作金属散热器用的水性防腐散热涂料。

产品特性 本产品的水性防腐散热涂料采用具有高热导率及红外辐射率的纳米碳

材料复配水性树脂，极大地提高了涂料散热性能；同时合成的水性树脂，对纳米碳材料具有很好的分散稳定性，保证了散热效率及涂料稳定性；防腐性能优异，确保了散热器在户外环境下的长久的使用；另外，制备得到的涂料在处理过程及长期的使用过程中，对环境均无污染。本产品的水性防腐散热涂料的制备方法简便，步骤简单，所制备得到的水性防腐散热涂料散热性能和防腐性能较高、耐候性较强、环保性能较好。

配方 52 水性防腐涂料

原料配比

原料		配比（质量份）
N－羧乙基壳聚糖	壳聚糖（分子量小于 5 万）	4.0
	丙烯酸	2.8（体积份）
	水	200（体积份）
	NaOH 溶液	1mol/L
壳聚糖/纳米氧化锌复合材料	*N*－羧乙基壳聚糖	3.6
	水	300（体积份）
壳聚糖/纳米氧化锌复合材料水性环氧树脂的母液	壳聚糖/纳米氧化锌复合材料	30
	水	100
	水性环氧树脂	100
防腐涂料	水性固化剂	50
	水	100
	壳聚糖/纳米氧化锌复合材料水性环氧树脂的母液	600

制备方法

（1）*N*－羧乙基壳聚糖的制备：将 1～4g 壳聚糖加到 1% 丙烯酸水溶液中，在30～50℃下持续搅拌 1～2d；反应完成后，再向反应混合液中加入 0.1～1mol/L 的 NaOH 溶液，调节溶液的 pH 值至 10～12；将混合溶液倒入丙酮中进行重沉淀，然后在水溶液中透析 2～3d 后，冷冻干燥得到 *N*－羧乙基壳聚糖。

（2）壳聚糖/纳米氧化锌复合材料制备：将 1～5g *N*－羧乙基壳聚糖加到 200～300mL 水中，在室温下剧烈搅拌 0.5～1h，使其充分溶解得到水溶性壳聚糖溶液；将上述水溶性壳聚糖溶液和纳米氧化锌按质量比 100:（5～10）混合，将混合液剧烈搅拌 3～4h，使其混合均匀。并用喷雾干燥机制得 *N*－羧基壳聚糖/纳米氧化锌微粒。

（3）防腐涂料的制备：取 15～45 份所述 *N*－羧乙基壳聚糖与纳米氧化锌微粒作为填料，加到 50～100 份水和 100～200 份水性环氧树脂的混合液中，搅拌分散 0.5～1h，即得壳聚糖/纳米氧化锌复合材料水性环氧树脂的母液；取 25～50 份水性固化剂与50～100 份水混合均匀后，再与所述壳聚糖/纳米氧化锌复合材料水性环氧树脂的母液按质量比 1:（4～5）的比例混合，即得壳聚糖/纳米氧化锌复合材料填充水性环氧树脂涂料。

产品应用 本品主要是一种水性防腐涂料。

产品特性

（1）本产品提供一种新型水性防腐涂料的制备方法，其填料用量少，安全环保无毒，耐候性增强。

（2）本产品中的壳聚糖可以使环氧树脂开环，从而进一步提升交联密度，达到更加理想的防腐效果。

（3）将纳米氧化锌与壳聚糖制成复合材料后，即可有效地避免单一纳米粒子团聚问题，使填料更加均匀地分散在基体树脂中，进而可以更好地发挥出纳米氧化锌耐候性及耐腐蚀性的特点。

配方 53 水性防腐蚀涂料

原料配比

原料		配比（质量份）					
		1#	2#	3#	4#	5#	6#
铝粉		4	3	6	3	7	5
锌粉		25	27	25	23	20	25
复合缓蚀剂		4	5	5	6	5	6
黏结剂		15	14	17	18	16	20
乙二醇乙醚		5	5	3	3	3	4.5
丙二醇甲醚乙酸酯		5	4	4	3	5	4.5
水		40	40	38	42	42	33
分散剂		0.4	0.4	0.4	0.3	0.3	0.4
消泡剂		0.2	0.2	0.2	0.2	0.3	0.2
基材润湿剂		0.4	0.4	0.4	0.4	0.4	0.4
抗闪锈剂		0.5	0.5	0.5	0.6	0.6	0.4
促进剂		0.5	0.5	0.5	0.5	0.4	0.6
复合缓蚀剂	酒石酸	300（体积份）	200（体积份）	200（体积份）	200（体积份）	200（体积份）	200（体积份）
	硅酸	200（体积份）	200（体积份）	200（体积份）	200（体积份）	200（体积份）	200（体积份）
	氧化铝粉	80	80	80	80	80	80
	钛白粉	20	20	20	20	20	20
	氧化铁	5	5	5	5	5	5
	氯化镁水溶液（80g/L）	200（体积份）	300（体积份）	300（体积份）	300（体积份）	300（体积份）	300（体积份）
	硫酸钠水溶液（100g/L）	200（体积份）	300（体积份）	300（体积份）	300（体积份）	300（体积份）	300（体积份）

续表

原料		配比（质量份）					
		1#	2#	3#	4#	5#	6#
黏结剂	壬基酚聚氧乙烯醚	15	10	20	15	10	20
	α,ω-二羟基聚硅氧烷	30	20	40	30	20	40
	正硅酸乙酯	30	40	20	30	40	20
	水	100	100	100	100	100	100
	草酰二胺	2	1.5	3	2	1.5	3

制备方法 首先取铝粉、锌粉、复合缓蚀剂和黏结剂充分拌合，再加入分散剂、促进剂、乙二醇乙醚、丙二醇甲醚乙酸酯、消泡剂、基材润湿剂、抗闪锈剂、水，在常温下充分搅拌分散，形成水性防腐蚀涂料。

原料介绍 所述复合缓蚀剂为利用复合有机酸与复合金属氧化物进行络合，复合缓蚀剂的有效成分为癸酸、马来酸、酒石酸、硅酸中的一种或几种及氧化铝、氧化铁、氧化镁中的一种或几种。

所述黏结剂由硅氧烷聚合物联氨衍生物组成。

所述促进剂采用金属氧化物 CaO 或 P200，还原剂为苹果酸、丙二酸、顺丁烯二酸酐中的一种或几种，使涂料的 pH 值在 5～6 范围内。

分散剂为聚乙烯基乙醚、聚乙二醇十六烷基醚、壬基苯酚聚乙二醇醚（乙氧基壬基酚）等中的一种或几种。促进剂为铬酸、铬酸锶、铬酸锌等铬化合物中的一种或几种。

所述复合缓蚀剂制备方法是：首先，将氧化铝、氧化铁、氧化镁中的一种或几种与钛白粉、氯化镁水溶液、硫酸钠水溶液均匀混合，形成混合液；然后，将癸酸、马来酸、酒石酸、硅酸中的一种或几种，搅拌添加到所述混合液中，混合液保持在 70～90℃，过滤所得白色沉淀物，经水洗后，烘干并球磨至 400～500 目，形成复合缓蚀剂。

所述黏结剂的制备方法是：将壬基酚聚氧乙烯醚、α,ω-二羟基聚硅氧烷和正硅酸乙酯，在水中聚合得到聚合物分散体，然后与草酰二胺混合后，用 pH 调节剂将混合液的 pH 值调节为 10～13 即得。

消泡剂可以为水性涂料常用消泡剂（如：Tego-Foamex 1488）；基材润湿剂可以为水性涂料常用基材润湿剂（如：Tego-Wet 250）具有良好的流动性、优异的再涂性；抗闪锈剂可以为水性涂料常用防闪锈剂（如：德国毕克公司产品）。乙二醇乙醚和丙二醇甲醚乙酸酯均为高沸点溶剂，在涂料干燥成膜过程中促使漆膜更连续和平整。

产品应用 本品主要用作高性能、防腐期长的黑金属用无毒水性防腐涂料。

产品特性

（1）漆膜性能优良。本产品的水性防腐涂料防腐性能优，耐电化学品性能优良，并具有阳极磷化纯化功能，性能优于热镀锌。本品既有耐高温性（400℃）又具有耐低温性（-100℃），并具有硬度高、耐刮伤、耐磨、附着力强、耐候性等优点。

（2）本产品的水性防腐涂料施工工艺简单，用浸涂、滚涂、刷涂、喷涂等方式都能得到令人满意的涂层。本涂料既可以作面漆，也可作防蚀底漆，不但能独立构成符合要求防蚀层，而且能与很多种类的涂料配套使用。

（3）本产品的水性防腐涂料可以高温固化，也可以常温固化，既可以大批量连续施工，又能在现场涂覆处理超大物件，大大地拓宽了工业化适用范围。

配方 54　水性氟硅涂料

原料配比

原料			配比（质量份）				
			1#	2#	3#	4#	5#
A组分	氟硅乳液		10	12	20	30	20
	硅溶胶		6	6	6	6	6
	硅丙乳液		14	30	24	9	24
	水性聚氨酯		43	30	28	17	28
	分散剂		0.6	0.5	0.7	0.6	0.6
	消泡剂		0.3	0.3	0.2	0.2	0.2
	流平剂		0.2	0.3	0.2	0.2	0.4
	防腐剂		0.1	0.1	0.1	0.2	0.1
	增稠剂		0.6	0.6	0.6	0.6	0.5
	成膜助剂	醇酯十二	1.5	1.0	1.5		1.5
		异丙醇	2	2.5	2	3.5	1.5
	pH调节剂		0.2	0.2	0.2	0.2	0.1
	颜填料	钛白粉	10	10	9.4	10	5
		轻质碳酸钙	6	—	—	—	—
		铁红	—	—	0.5	—	0.5
		炭黑	—	—	0.1	—	0.1
		硅灰石粉	—	—	5	—	5
		三聚磷酸铝	—	—	—	—	5
		磷酸锌	—	—	—	5	—
		超细滑石粉	—	—	—	6	—
		超细云母粉	8	14	9	8	9
	合计		102.5	107.5	107.5	96.5	107.5
B组分	多官能团氮丙啶交联剂		21	25	25	23	26

制备方法

（1）按照上述配比称取氟硅乳液、硅溶胶、硅丙乳液、水性聚氨酯、分散剂、消泡剂、流平剂、防腐剂、增稠剂、成膜助剂和颜填料；

（2）将氟硅乳液、硅溶胶、硅丙乳液和水性聚氨酯混合均匀，得到混合乳液；

（3）将分散剂、消泡剂、流平剂、防腐剂、增稠剂、成膜助剂和颜填料依次加入混合乳液中，分散均匀后进行研磨，研磨至细度小于30μm，得到A组分；

（4）按照上述配比称取A组分和B组分；

（5）将A组分和B组分混合均匀，制得水性氟硅涂料。

原料介绍　所述氟硅乳液为南通生达化工有限公司生产的产品，型号为SD－5681。

所述硅丙乳液为东莞高士步精彩化工贸易部销售的产品，型号为5305B。

所述水性聚氨酯为帝斯曼利康树脂中国有限公司的产品，型号为NeoRez R-987。

所述分散剂为BYK-190分散剂，所述消泡剂为BYK-020消泡剂，所述流平剂为FM-331流平剂，所述增稠剂为罗门哈斯RM-8W增稠剂，所述防腐剂为德国舒美A-26防腐剂，所述成膜助剂为醇酯十二和异丙醇中的一种或者两种的组合。

所述颜填料为金红石、钛白粉、三聚磷酸铝、磷酸锌、铁红、炭黑、柠檬铬黄、超细滑石粉、轻质碳酸钙、超细硫酸钡、超细云母粉和硅石灰粉中的任意一种，或者任意几种的组合。

所述pH调节剂为多功能助剂AMP-95。

所述B组分为三官能团氮丙啶交联剂。

产品应用 本品主要用于水性木器涂料、水性金属涂料、水性塑胶涂料及其他各种涂料。

产品特性 本产品制备的涂料干燥成膜后，其光泽度好，柔韧性好，附着力大，硬度高，而且具有良好的耐盐水性、耐化学腐蚀性、耐冲击性、耐水性和耐老化性。因此，该涂料具有节省资源、无污染、安全可靠和防护性好等优点。

配方55 水性钢结构防火涂料

原料配比

原料	配比（质量份）				
	1#	2#	3#	4#	5#
聚磷酸铵	15	23	17	21	18
三聚氰胺	11	13	11.5	12.5	12
季戊四醇	6	12	8	11	9
水性环氧树脂	7	13	9	12	11
羟基丙烯酸乳液	11	15	12	14	13
酚醛树脂	6	10	7	9	8
蒙脱石	2	6	3	5	4
水	19	25	21	24	23
增稠剂	1.0	1.8	1.3	1.7	1.5
分散剂	2	4	2.5	3.5	2.8
消泡剂	0.14	0.22	0.16	0.18	0.17
成膜助剂	适量	适量	适量	适量	适量

制备方法

（1）将羟基丙烯酸乳液、消泡剂和成膜助剂混合，成膜助剂的质量为羟基丙烯酸乳液质量的2%~7%，以180~240r/min的速度搅拌，搅拌10~24min，备用；

（2）将水性环氧树脂、酚醛树脂与步骤（1）所得混合，搅拌30~45min，再超声分散25~35min；

（3）将聚磷酸铵、三聚氰胺、季戊四醇、蒙脱石以及步骤（2）所得混合，加入水、增稠剂和分散剂，以240~320r/min的速度搅拌，搅拌40min，研磨，即得。

产品应用 本品主要用作水性钢结构防火涂料。

产品特性

（1）具有阻燃时间长、附着强度高、不易干裂、耐火性能优异等优点；

（2）无毒安全环保；

（3）成本较低。

配方 56 水性隔热保温防腐涂料

原料配比

原料		配比（质量份）		
		$1^{\#}$	$2^{\#}$	$3^{\#}$
水性环氧树脂乳液	水性聚氧乙烯接枝环氧树脂乳液	30	—	—
	聚氧丙烯链端环氧树脂乳液	—	45	50
水性丙烯酸乳液	杂化交联接枝丙烯酸乳液	16.8	—	10
	有机硅接枝丙烯酸乳液	20	—	—
水性氟树脂乳液	水性三氟氯乙烯型氟树脂乳液	5	10	—
	水性乙烯基醚型氟树脂乳液	—	—	8
水性隔热保温纳米分散体浆料		10	5	8
水性润湿分散剂		0.1	0.2	0.3
水性消泡剂		0.1	0.3	1
偶联剂	硅烷类	2	—	—
	钛酸盐类或锆酸盐类	—	1	—
	复合羧基磷酸酯类	—	—	3
防污剂	水性纳米杂化硅油	0.5	—	—
	辛基三乙氧基改性硅油	—	2	2.5
防锈颜料	安息香酸锌	8	—	—
	磷钼酸锌	—	10	—
	磷酸钛	—	—	5
成膜助剂	丙二醇丁醚	2.5	—	0.5
	二丙二醇甲醚	—	1.5	—
水		25	5	11.5

制备方法

（1）将适量水和水性润湿分散剂搅拌均匀，边搅拌边缓慢加入粉体状的水性隔热保温纳米分散体，经研磨后获得水性隔热保温纳米分散体浆料；

（2）按照上述配比，把水性丙烯酸乳液滴加到水性环氧树脂乳液中，搅拌分散5~10min，加入水性氟树脂乳液，再滴加预先制得的水性隔热保温纳米分散体浆料，搅拌分散15~30min，再将占水总质量5%~10%的水加到分散缸中，在400~600r/min的转速下搅拌20~30min，然后加入剩下的水，再加入水性消泡剂、偶联剂、防污剂和防锈颜料，在1000~1200r/min的转速下加入成膜助剂，继续分散25~40min，测得黏度为（35±2）s后过滤后出料，即得到水性隔热保温防腐涂料。

原料介绍 所述水性环氧树脂乳液为水性聚氧乙烯接枝环氧树脂乳液或聚氧丙烯链端的环氧树脂乳液中的一种或其组合。

所述水性丙烯酸乳液为杂化交联接枝丙烯酸乳液或有机硅接枝丙烯酸乳液中的一种或其组合。

所述水性氟树脂乳液为水性三氟氯乙烯型氟树脂乳液或水性乙烯基醚型氟树脂乳液中的一种或组合。

所述水性润湿分散剂为六偏磷酸钠类润湿剂。

所述水性消泡剂为水性非硅酮脂肪酸聚合物、改性聚丙烯酸聚合物、聚氧乙烯醚或改性聚硅氧烷中的一种。

所述偶联剂为如下偶联剂中的一种：硅烷类、钛酸盐类、锆酸盐类或复合羧基磷酸酯类。

所述防污剂为水性纳米杂化硅油或辛基三乙氧基改性硅油中的一种。

所述防锈颜料为安息香酸锌、磷钼酸锌或磷酸钛中的一种或几种。

所述成膜助剂为丙二醇丁醚、二丙二醇甲醚的一种或其组合。

所述水为去除杂质的自来水。

所述水性隔热保温纳米分散体为纳米三氧化钨分散体。

产品应用 本品主要应用于五金钢构、工程机械、机车船舶、路桥隧道、污水处理、工业地坪等领域的五金材质。

产品特性

（1）本产品可永久性以涂层形式涂覆在基材表面，有效降低和减少被涂覆基材热载荷，降低太阳辐射热造成的基材内部温度上升；兼具美观装饰性，对基材形成具有封闭性强、防腐蚀、耐磨刮、耐酸碱、抗冲击的有效保护。

（2）本产品绿色环保，VOC含量低于50g/L，远低于《环境标志产品技术要求水性涂料》要求的80g/L，符合国家绿色建筑要求。

（3）本产品标准状态下的独有保温隔热防腐膜层，除了赋予五金钢构表面应有的装饰性效果，还具备抗黄变、耐老化性优良的特点，防止基材破裂，由于本产品具有反射阻隔太阳热能的独有效果，膜层可以有效延长基材的使用寿命。

（4）产品标准状态下，涂膜的抗沾污、抗化学品性好，膜层具有独特的致密度，保证了良好的耐化学品性。有效实现对被涂覆材质形成具有封闭性强、防腐蚀、耐磨刮、耐酸碱、抗冲击、阻燃防火的有效膜层，尤其可抵抗空气中的污染，如：酸雨、烟雾、粉尘、海边的盐碱等物质侵蚀。

（5）本产品产品标准状态下，有效防止水分渗入基材，用水浸泡后不起泡、不发白，轻微泛白后能够迅速恢复，不会脱落。

配方 57 水性含铝磷酸盐陶瓷防腐涂料

原料配比

原料	配比（质量份）		
	1#	2#	3#
磷酸二氢铝	1000	1300	1500
水	1200	1000	1100
正硅酸四乙酯	60	40	10
氧化锌	8	9	10
氧化镁	10	9	8
铬酸镁	28	24	30
微纳米球形铝粉	45	48	50

制备方法

（1）按上述配比，将磷酸二氢铝与水混合均匀，形成澄清溶液；

（2）将正硅酸四乙酯加到溶液中，在密封条件下采用磁力搅拌的方式搅拌，直至形成澄清溶液；

（3）将氧化锌加到溶液中，采用玻璃棒不断搅拌直至完全溶解，然后加入氧化镁，采用玻璃棒不断搅拌，去除气泡直至完全溶解，形成半透明溶液；

（4）将铬酸镁加到混合溶液中，不断搅拌形成均匀混合溶液；

（5）将微纳米球形铝粉加到混合溶液中，并搅拌均匀。

原料介绍

所述磷酸盐黏结剂为含量为30%的磷酸二氢铝水溶液，纯度为分析纯。

所述固化剂为氧化锌和氧化镁，其中氧化锌的用量占固化剂总质量的40%～60%，氧化镁的用量占固化剂总质量的40%～60%。

所述涂料助剂为正硅酸四乙酯。

所述功能填料为微纳米球形铝粉，纯度为99%，平均粒径为800nm。

所述钝化剂为铬酸镁。

产品应用 本品主要用作水性含铝磷酸盐陶瓷防腐涂料。

水性含铝磷酸盐陶瓷防腐涂料的固化方法：涂料进行空气喷涂或刷涂涂覆后，采用烘箱于120℃烘干2h后升温至200℃烘干17h。

产品特性 本产品提供了一种可同时在常温与高温环境中提供防腐蚀及表面防护的无机涂料，由涂料制备出的涂层能够耐中性盐雾实验1000h，以及在600℃的高温条件下为完全抗氧化性，能够对金属基体进行常温含盐环境腐蚀防护以及高温氧化腐蚀防护。

配方58 水性环保负离子防腐涂料

原料配比

原料		配比（质量份）		
		1#	2#	3#
水性环氧树脂乳液	水性聚氧乙烯接枝环氧树脂乳液	40	—	—
	聚氧丙烯链端环氧树脂乳液	—	30	20
水性聚氨酯乳液	多元醇的聚氨酯	10	—	20
	聚醚型聚氨酯	—	16	—
水性氟树脂乳液	水性三氟氯乙烯型氟树脂乳液	5	10	—
	水性乙烯基醚型氟树脂乳液	—	—	7
水性纳米负离子浆料		13	15	10
水性润湿分散剂	六偏磷酸钠	1	—	—
	炔二醇乙氧基化合物类	—	3	—
水性消泡剂	水性非硅酮脂肪酸聚合物	0.5	—	—
	聚氧乙烯醚	—	0.1	—
	改性聚硅氧烷	—	—	1
附着力促进剂	硅烷或钛酸盐	1	—	—
	锆酸盐	—	3	—
	复合羧基磷酸酯	—	—	1.5
无铅防锈颜料	安息香酸锌	10	—	—
	磷钼酸锌	—	5	—
	磷酸钛	—	—	6
防污剂	水性纳米杂化硅油	0.5	—	—
	辛基三乙氧基改性硅油	—	2.5	2
成膜助剂	丙二醇丁醚	5	—	6
	二丙二醇甲醚	—	10	—
水		14	5	25

制备方法 按上述配比，把水性环氧树脂乳液滴加到水性聚氨酯乳液中，搅拌分散5～10min，然后滴加水性氟树脂乳液，搅拌分散5～10min，然后滴加预先制得的水性纳米负离子浆料，搅拌分散15～30min，再将占水总质量的5%～10%的水加入分散缸中，在400～600r/min的转速下搅拌20～30min，然后加入无铅防锈颜料、剩下的水，再加入水性消泡剂、附着力促进剂、防污剂，在1000～1200r/min的转速下加入成膜助剂，继续分散25～40min，测得黏度为（40±2）s后过滤出料，即得到水性环保负离子防腐涂料。

原料介绍 所述水性环氧树脂乳液为水性聚氧乙烯接枝环氧树脂乳液或聚氧丙烯链端的环氧树脂乳液中的一种或其组合。

所述水性聚氨酯乳液为多元醇的聚氨酯或聚醚型的一种或组合。

所述水性氟树脂乳液为水性三氟氯乙烯型氟树脂乳液或水性乙烯基醚型氟树脂乳液中的一种或组合。

所述水性纳米负离子浆料是含有电气石纳米粉体且固体物的质量分数为15%～30%的水性纳米负离子浆料，且所述电气石纳米粉体的粒径为50～80nm，其中，电气石纳米粉体优选为纤维电气石粉体和晶体电气石粉体中的至少一种。

所述水性润湿分散剂为六偏磷酸钠类或炔二醇乙氧基化合物类润湿分散剂。

所述水性消泡剂为水性非硅酮脂肪酸聚合物、聚氧乙烯醚或改性聚硅氧烷中的一种。

所述附着力促进剂为硅烷、钛酸盐、锆酸盐、复合羧基磷酸酯中的一种。

所述无铅防锈颜料为安息香酸锌、磷钼酸锌或磷酸钛中的一种或几种。

所述防污剂为水性纳米杂化硅油或辛基三乙氧基改性硅油中的一种。

所述成膜助剂为丙二醇丁醚、二丙二醇甲醚的一种或其组合。

所述水为去除杂质的自来水。

所述水性纳米负离子浆料，可按照以下制备工艺预先制得：按照质量分数计，纤维电气石粉体和晶体电气石粉体合计15%～30%，润湿分散剂2%～12%，水40%～70%，依次加入水、水性润湿分散剂搅拌均匀，然后边搅拌边缓慢加入纤维电气石、晶体电气石粉体，粉体加完后高速分散30min，开启研磨机，进行循环研磨，研磨时间大约为3～5h，得到固含量为15%～30%、中位粒径在50～80nm的浆料。其中，纤维电气石和晶体电气石粉体两者的总质量占15%～30%，但两者的用量比例无须严格区分，在极端情况下，则可以只采用纤维电气石和晶体电气石粉体中任意一种。

产品应用 本品主要用于五金钢构、工程机械、机车船舶、路桥隧道、污水处理、工业地坪等领域范围的材质。

产品特性

（1）绿色环保，VOC含量低于50g/L，远低于《环境标志产品技术要求水性涂料》要求的80g/L，符合国家绿色建筑要求。

（2）防腐性能突出，产品标准状态下，符合《建筑防腐蚀工程施工及验收规范》《建筑用钢结构防腐涂料》《混凝土桥梁结构表面涂层防腐技术条件》《环氧涂层钢筋》等防腐标准。

（3）负离子释放量高，在标准状态下，净化空气性能符合《室内空气净化功能涂覆材料净化性能》。

（4）基固性好，本产品产品标准状态下的膜层，除了应有的防腐蚀效果，还具备抗黄变、耐老化性优良等特征，防止基材破裂，在户外建材、钢构制品要受到户外严酷环境中化学物质和微生物的侵蚀，由于本产品具有负离子释放的独有效果，而负离子具有降解烟雾（PM2.5）相互聚集的性能，可大幅度增加膜层，可以有效延长基材的使用寿命。

（5）产品标准状态下，涂膜的抗沾污、抗化学品性好，膜层具有独特的致密度，保证了良好的耐化学品性。有效实现对被涂覆材质形成具有封闭性强、防腐蚀、耐磨刮、耐酸碱、抗冲击、阻燃防火的有效膜层，尤其可抵抗空气中的污染，如酸雨、烟雾、粉尘、海边的盐碱等物质的侵蚀。

（6）本产品标准状态下，有效防止水分渗入基材，被水浸泡后不起泡、不发白，轻微泛白后能够迅速恢复，不会脱落。

（7）本产品标准状态下，具有保持基材尺寸及外形稳定性和耐久性的特点。由于昼夜的温差变化，户外基材会发生热胀冷缩等形变，水性环保负离子防腐涂料膜层对基材有相当程度的保护性，并且能长久保持。

配方 59 水性环氧防腐环保涂料

原料配比

原料	配比（质量份）		
	1#	2#	3#
水	340	320	360
环氧树脂	250	230	270
磷酸	1.5	1	2
甲基丙烯酸甲酯	1	10	14
丙烯酸丁酯	8	6	10
苯乙烯	12	10	15
丙烯腈	1.5	1	2
丙烯酸	5	3	7
过氧化苯甲酰	6	4	8
环己酮	25	20	30
正丁醇	50	40	60
乙二醇单甲醚	25	20	30
N-羟甲基丙烯酰胺	3	2	4
N, *N*-二甲基乙醇胺	2	1	3
对羟基苯甲酸乙酯	4	3	5
烯丙基聚乙二醇	1	1	1

制备方法 将环氧树脂放于反应瓶中，加入环己酮、正丁醇、乙二醇单甲醚混合溶剂，搅拌升温至混合物呈透明状；在100~105℃恒温，滴加磷酸，0.5h滴完；回流3~4h，使磷酸与相应的环氧基团反应完全；降温至95℃，滴加丙烯酸、甲基丙烯酸甲酯和丙烯酸丁酯，1h滴完，恒温回流2~3h；降温至85℃，滴加苯乙烯、丙烯腈、过氧化苯甲酰、对羟基苯甲酸乙酯和烯丙基聚乙二醇，再滴加内交联固化剂*N*-羟甲基丙烯酰胺，恒温反应2h；降温至60℃，加入*N*, *N*-二甲基乙醇胺，用水稀释，即得水性环氧防腐涂料。

产品应用 本品主要用于环保材料领域，是一种水性环氧防腐环保涂料。

产品特性

（1）本产品提供的水性环氧防腐环保涂料与现有技术相比具有更好的耐水性、耐盐雾性、耐酸性和耐碱性；

（2）本产品提供的制备方法条件温和，工艺简单，易于推广。

配方 60 水性环氧防腐涂料

原料配比

<table>
<tr><td colspan="3" rowspan="2">原料</td><td colspan="3">配比（质量份）</td></tr>
<tr><td>1#</td><td>2#</td><td>3#</td></tr>
<tr><td rowspan="10">A 组分</td><td rowspan="2">水性环氧树脂乳液</td><td>水性聚氧乙烯接枝环氧树脂乳液</td><td>35</td><td>—</td><td>—</td></tr>
<tr><td>聚氧丙烯链端环氧树脂乳液</td><td>—</td><td>30</td><td>40</td></tr>
<tr><td rowspan="3">硅酸钾（粒径）</td><td>5.0μm</td><td>18</td><td>—</td><td>—</td></tr>
<tr><td>5.8μm</td><td>—</td><td>20</td><td>—</td></tr>
<tr><td>6.3μm</td><td>—</td><td>—</td><td>25</td></tr>
<tr><td rowspan="3">硅酸锂（粒径）</td><td>4.8μm</td><td>25</td><td>—</td><td>—</td></tr>
<tr><td>7.2μm</td><td>—</td><td>22</td><td>—</td></tr>
<tr><td>9.6μm</td><td>—</td><td>—</td><td>18</td></tr>
<tr><td colspan="2">水性润湿分散剂</td><td>1</td><td>3</td><td>2</td></tr>
<tr><td colspan="2">水</td><td>21</td><td>25</td><td>15</td></tr>
<tr><td rowspan="9">B 组分</td><td colspan="2">锌粉</td><td>80</td><td>81</td><td>90</td></tr>
<tr><td rowspan="3">金刚砂（细度）</td><td>60 目</td><td>10</td><td>—</td><td>—</td></tr>
<tr><td>100 目</td><td>—</td><td>6</td><td>—</td></tr>
<tr><td>150 目</td><td>—</td><td>—</td><td>5</td></tr>
<tr><td rowspan="2">填料</td><td>硅灰石粉</td><td>5</td><td>—</td><td>—</td></tr>
<tr><td>高岭土或云母粉</td><td>—</td><td>3</td><td>—</td></tr>
<tr><td rowspan="3">防锈颜料</td><td>安息香酸锌</td><td>5</td><td>—</td><td>—</td></tr>
<tr><td>磷钼酸锌</td><td>—</td><td>10</td><td>—</td></tr>
<tr><td>磷酸钛</td><td>—</td><td>—</td><td>5</td></tr>
</table>

制备方法

（1）A 组分的制备过程：按照上述配比，将水性润湿分散剂滴加到水性环氧树脂乳液中，再将占水总质量的5% ~10% 的水加入分散缸中，在 400 ~ 600r/min 的转速下搅拌分散 10 ~ 15min，再将硅酸钾、硅酸锂逐渐加入分散缸中，然后加入剩下的水，在 600 ~ 800r/min 的转速下搅拌 20 ~ 30min，用 90 ~ 100 目的滤网过滤后，即得到水性环氧硅酸盐溶液。

（2）所述 B 组分的制备过程：按照上述配比依次将锌粉、金刚砂、防锈颜料、填料加入干粉搅拌器中，在 300 ~ 500r/min 的转速下搅拌分散 15 ~ 20min，即得到干粉混合物。

（3）将 B 组分逐渐加入 A 组分中，边搅拌边添加，避免粉体结块沉底，直到其彻底混合均匀，然后，用 40 ~ 80 目滤网过滤后，即得到水性环氧防腐涂料。

原料介绍 所述水性环氧树脂乳液为水性聚氧乙烯接枝环氧树脂乳液或聚氧丙烯

链端环氧树脂乳液中的一种或其组合。

所述硅酸钾粒径为5～6.3μm；所述硅酸锂为多聚硅酸锂，粒径为4.8～9.6μm。

所述水性润湿分散剂为六偏磷酸钠类润湿剂。

所述水为去除杂质的自来水。

所述锌粉中金属锌含量大于95%，细度为325～625目。

所述金刚砂细度为60～150目。金刚砂不仅具有很高的抗滑移系数，而且耐腐蚀性强、耐高温性好，协同其他组分可实现产品标准状态下，涂层持续抗高温能力达到400℃，瞬间抗热达到1200℃。

所述填料为硅灰石粉、高岭土、云母粉中的一种或几种。

所述防锈颜料为安息香酸锌、磷钼酸锌或磷酸钛中的一种或几种。

产品应用 本品主要应用于五金钢构、工程机械、机车船舶、路桥隧道、污水处理、工业地坪等领域范围的五金材质。

在使用时将B组分（干粉混合物）加到A组分（水性环氧硅酸盐溶液）中，彻底搅匀后用100目滤网过滤后即可喷涂施工。

产品特性

（1）本产品生产工艺简单方便，不需加热、加压、保温等复杂工艺，环保节能，使用安全。

（2）VOC含量极低，无毒无味，储存、运输及施工过程安全无污染，VOC含量低于50g/L，远低于《环境标志产品技术要求水性涂料》要求的80g/L，符合国家绿色建筑要求。

（3）防腐性能突出，产品标准状态下符合《建筑防腐蚀工程施工及验收规范》《建筑用钢结构防腐涂料》《混凝土桥梁结构表面涂层防腐技术条件》《环氧涂层钢筋》等防腐标准。

（4）本水性环氧防腐涂料，抗紫外线能力强，耐大气老化：涂层耐油、水等中性腐蚀介质，具有优异的耐老化性、耐温差性、耐盐碱盐雾性和高硬度等特点，协同其他组分，可以实现涂膜具有优异的超耐候性、耐腐蚀性、耐热性和优越的自清洁功能，成为长效免维护外用涂料和高性能防腐涂料。

（5）本发明产品具有在有尖锐边缘高收缩性的特性，使用过程中无挥发物，可广泛适用于高强钢构连接面的防腐，不仅具有很高的抗滑移系数，而且耐腐蚀性强，对于钢构件表面的切割、电焊缝等尖锐边缘圆角部位、点寒风、铆钉接缝、跳焊部位等表面施工时，不仅生产效率高、涂层附着力好，还能有效控制膜厚，是节能环保的好办法，可以实现在各种形状材质表面以滚涂、淋涂、喷涂、刮涂、刷涂、浸涂的施工。

（6）产品标准状态下，涂膜的抗沾污、抗化学品性好，膜层具有独特的致密度，保证了良好的耐化学品性。有效实现对被涂覆材质形成具有封闭性强、防腐蚀、耐磨刮、耐酸碱、抗冲击、阻燃防火的有效保护膜层，尤其可抵抗空气中的污染，如：酸雨、烟雾、粉尘、海边的盐碱等物质侵蚀。

（7）产品标准状态下，本发明能有效防止基材变形和破裂。在户外自然环境中，五金钢构制品要受到紫外线、可见光、氧气和化学物质和微生物的侵蚀，由于昼夜的温差变化，户外基材会发生热胀冷缩等形变，本产品具有保持基材尺寸及外形稳定性和耐久性的特点，形成的涂料膜层对基材有相当程度的保护性，可以有效延长基材的使用寿命，并且能长久保持。

配方 61 水性金属防腐涂料

原料配比

原料	配比（质量份）
水玻璃	20
硅溶胶	10
硅粉	5
水	20
5% 盐酸	5
氧化铝粉	10
氧化钇	5
碳化硅	10
滑石粉	6
铂	16
成膜助剂	3
六偏磷酸钠	1
消泡助剂	0.5
防水助剂	1
羟乙基纤维素	0.5
甲基三乙氧基硅烷	1
pH 调节剂	0.5
分散剂	0.5

制备方法

（1）把水玻璃、硅溶胶、硅粉、水放入高温容器中，先搅拌均匀，密封，升温到500℃高温螯合持续120min。待降温后再搅拌，加入 pH 调节剂，搅拌均匀后，加入5% 盐酸、六偏磷酸钠搅拌，搅拌后放置 24h 熟化。

（2）溶液再次搅拌，依次加入氧化钇、碳化硅、氧化铝粉、滑石粉搅拌，搅拌30min 后，加入防水助剂、成膜助剂、消泡助剂、羟乙基纤维素、甲基三乙氧基硅烷、分散剂。

（3）搅拌好涂料和铂放进高温容器内，把容器密封加热到 70℃，持续 30min 后冷却。

（4）这样促进涂料进一步交联，保证涂料涂刷后涂层的致密性、高防水性和防腐性，附着力高，具有优良延展性、耐酸碱性，涂刷在金属上有效保证金属在酸碱腐蚀下不腐蚀。

产品应用 本品主要用于厂房、设备、各种钢铁储罐以及大型钢结构的防腐，具有广阔的市场前景。本品可用于暴露在海洋大气、高温和各种环境的各种钢结构件的长效防腐，包括船舶、集装箱、码头各类设备，大型建筑的钢铁构件，特别适合于储油罐、油轮、溶剂舱内壁、热交换器内壁以及石油管线、化工管线等。

产品特性 水性金属防腐涂料具有耐高温、耐冲击、抗氧化、防腐蚀、防水防潮、自干快、附着力强、涂装工艺性好、施工方便等优点，能在200～1000℃范围内使用，是高温防护的理想材料。以其优异的防腐性能，长期的耐候性，良好的导热性、耐水性和耐盐水性、耐各种油品长期浸泡，对各种有机溶剂，包括酮、酯、醚、醇、烃类强溶剂都有极强的抵抗能力。施工及涂层固化过程中没有溶剂的挥发，对施工人员和周围环境不造成危害。

配方 62 水性聚氨酯改性环氧树脂的环保涂料

原料配比

<table>
<tr><th colspan="2">原料</th><th>配比（质量份）</th></tr>
<tr><td colspan="2">水性聚氨酯环氧改性树脂乳液</td><td>45</td></tr>
<tr><td colspan="2">复合铁钛颜料</td><td>22</td></tr>
<tr><td colspan="2">铁红</td><td>9</td></tr>
<tr><td colspan="2">滑石粉</td><td>12</td></tr>
<tr><td colspan="2">复合膨润土</td><td>0.9</td></tr>
<tr><td colspan="2">分散剂</td><td>1.2</td></tr>
<tr><td colspan="2">润湿剂</td><td>0.9</td></tr>
<tr><td colspan="2">消泡剂</td><td>0.5</td></tr>
<tr><td colspan="2">闪蚀抑制剂</td><td>0.5</td></tr>
<tr><td colspan="2">成膜助剂</td><td>4</td></tr>
<tr><td colspan="2">硅烷偶联剂</td><td>0.5</td></tr>
<tr><td rowspan="10">水性聚氨酯环氧改性树脂乳液</td><td>异佛尔酮二异氰酸酯</td><td>22</td></tr>
<tr><td>聚己二酸丁二醇酯二醇</td><td>2.5</td></tr>
<tr><td>乙二醇</td><td>5</td></tr>
<tr><td>二羟甲基丙酸</td><td>0.5</td></tr>
<tr><td>N-甲基吡咯烷酮</td><td>1.2</td></tr>
<tr><td>环氧树脂 E-20</td><td>35</td></tr>
<tr><td>三乙胺</td><td>3</td></tr>
<tr><td>乙二胺</td><td>0.5</td></tr>
<tr><td>二月桂酸二丁基锡</td><td>0.3</td></tr>
<tr><td>丙酮</td><td>0.4</td></tr>
</table>

制备方法

（1）制备水性聚氨酯环氧改性树脂乳液：在干燥氮气保护下，向装有温度计、搅拌机和回流冷凝器的四个罐体中加入脱水处理的环氧树脂E-20、异佛尔酮二异氰酸酯和二月桂酸二丁基锡，控制温度在80～85℃，反应2h，降温到75～80℃，加入乙二醇反应30min左右，加入N-甲基吡咯烷酮溶解的二羟甲基丙酸，反应1.5h，再降温到65℃，加入聚己二酸丁二醇酯二醇，继续保温反应2h，然后降温到20～25℃，加入丙酮稀释后再加入三乙胺中和，然后用常温的水中进行乳化，最后用乙二胺进行水相扩链，抽真空脱去丙酮即可得此乳液。

（2）水性聚氨酯改性树脂涂料合成：将上述水性聚氨酯环氧改性树脂乳液、复合铁钛颜料、铁红、滑石粉、复合膨润土、分散剂、润湿剂、消泡剂、闪蚀抑制剂、成膜助剂、硅烷偶联剂按上述比例投入罐中，用高速分散机以1500r/min分散45min，然后转至砂磨机将细度打到30目，过滤到容器中待涂料消泡后即可灌装。

产品应用 本品主要是一种水性聚氨酯改性环氧树脂的环保涂料。

产品特性 本产品涂料取代传统有毒的剂溶性涂料，有高强度、高附着力，以及优异的防腐性、柔韧性、耐候性、环保性；可极大增强涂料和喷涂物的使用寿命，并且不会危害环境和人体健康，具有非常广阔的市场前景。

配方63 水性卷材涂料聚酯背面漆

原料配比

原料		配比（质量份）	
		1#	2#
聚酯树脂		35	35
钛白粉 R-996		30	30
镍镉黄		5	5
氨基树脂	CYMEL327	8	—
	CYMEL303	—	8
分散剂	BYK-180	0.3	—
	EFKA4585	—	0.3
防沉剂	A-300	0.2	—
	R-974	—	0.2
消泡剂	BYK-011	1	—
	BYK-024	—	1
附着力促进剂	ADP9999	1	—
	RHEAD9997	—	1
酸催化剂	N-2500	0.4	—
	N-155	—	0.4
蜡助剂		0.2	0.2
流平剂	BYK-381	0.2	—
	Tego500	—	0.2
消光粉		0.5	0.5
乙二醇丁醚		4	4
异丙醇		2	2
水		35	35

制备方法

（1）按上述配比，将水性聚酯树脂用胺中和剂中和后，与分散剂、颜填料、防沉剂和水混合，研磨得到浆料，研磨时控制温度在20～50℃，pH值控制在7.5～8.5范围内；

（2）浆料中加入氨基树脂、乙二醇丁醚、异丙醇、水混合均匀后，加入酸催化剂、附着力促进剂、蜡助剂、流平剂、消泡剂、消光粉，混合均匀后调节黏度为400～600mPa·s，或用福特杯-4在20℃测定为100～130s，pH值控制在7.5～8.5范围内，得到所述水性卷材涂料聚酯背面漆。

原料介绍 所述聚酯树脂的分子量为2000～6000，羟值10～50mg KOH/g，酸值20～70mg KOH/g。优选为线性或部分支链聚酯树脂，能提供高的硬度、柔韧性、加工性和附着力。例如，立邦涂料（中国）有限公司的OF-100。优选地，所述聚酯树脂的固体分含量为70%～75%，所述氨基树脂的固体分含量为90%～100%。

所述颜填料为金红石、锐钛型钛白粉、硫酸钡、防锈颜料、高岭土中的至少一种。

所述氨基树脂为全甲醚化氨基树脂、部分甲醚化氨基树脂、丁醚化氨基树脂、甲基丁基混合醚化氨基树脂中的至少一种或几种的混合物。例如，美国氰特公司的CYMEL303或CYMEL327。

所述分散剂为聚氨酯型分散剂或丙烯酸型分散剂中的至少一种，例如毕克化学的BYK-180与BYK-190等。

所述防沉剂为气相二氧化硅或有机改性膨润土，例如赢创德固赛的A-200、A-300、R-972、R-974等。

所述消泡剂为聚硅氧烷、矿物油类、破泡聚合物中的至少一种，例如毕克化学的BYK-011、BYK-024、BYK-028等。

所述附着力促进剂为环氧磷酸酯化合物或超支化聚酯化合物，例如德谦（化学）上海有限公司的ADP附着力促进剂。

所述酸催化剂为对甲苯磺酸及其封闭酸、十二烷基苯磺酸及其封闭酸、二壬基萘磺酸及其封闭酸中的至少一种，例如美国金氏化工的N-2500、N-5225、N-155、N-X49-110。

所述蜡助剂为聚四氟乙烯蜡助剂。

所述流平剂为丙烯酸类流平剂或氟改性丙烯酸流平剂，例如毕克化学的BYK-380、BYK-381，迪高化学的Tego500、Tego550、Tego260、Tego270等。

所述消光剂为有机处理二氧化硅，如格雷斯中国有限公司的SY10ID C807、美国雅宝中国公司的PERGOPAK M4。

产品应用 本品主要用作水性卷材涂料聚酯背面漆。

产品特性 本产品的水性聚酯背面漆具有良好的硬度、柔韧性、附着力，不需要添加甲醛树脂就可以与泡沫板复合，且复合性能优良。本产品通过设计适当的聚酯氨基比、颜基比等参数能在PMT（peak metal temperature，金属板温）204～232℃下快速固化（≥20s）；铅笔硬度达到4H，T弯达到3T无剥落，耐MEK擦拭超过100次，抗压性能好，避免背面漆与面漆反粘，与泡沫板复合性能好，附着力好；在施工黏度下固含量高，涂布率高，节省成本。

配方 64 水性可剥离防腐涂料

原料配比

原料	配比（质量份）		
	1#	2#	3#
聚氨酯乳液	62	60	65
水	25	30	20
填料	5	8	10
改性硅溶胶	10	5	8
润湿剂	0.1	0.2	0.3
分散剂十二烷基苯磺酸钠	1.2	1.5	0.8
增稠剂 Rheo T30	0.9	0.6	0.7
消泡剂 BYK-012	0.2	0.4	0.3
流平剂聚醚改性二甲基硅氧烷	0.4	0.6	0.8
剥离剂水性硬脂酸	1	2	1

制备方法

（1）将改性硅溶胶与聚氨酯乳液分别倒入烧杯中，在 100~200r/min 条件下搅拌 1h 使两者混合均匀，得混合乳液；

（2）在一宽口塑料容器中加入水，在 100~150r/min 搅拌条件下滴入润湿剂、分散剂、增稠剂和消泡剂，搅拌 5~10min 使各种助剂混合均匀，得混合液；

（3）在搅拌速度为 200~250r/min 下将填料加入上述步骤（2）的混合液中，待填料润湿后，在 400~500r/min 下搅拌 30~40min，得填料分散液；

（4）在 200~300r/min 下，将混合乳液缓慢加入分散液中，继续搅拌 15~20min；

（5）再降低搅拌速度至 100~150r/min，加入流平剂、剥离剂，搅拌 20~30min，制得水性可剥离防腐涂料。

原料介绍 所述填料为云母石、硅灰石以及超细碳酸钙的混合物，其云母石、硅灰石、超细碳酸钙的质量比为 8∶(2~4)∶1。

所述分散剂为六偏磷酸钠、十二烷基苯磺酸钠、聚丙烯酸钠盐中的一种或几种。

所述增稠剂为 Rheo T30；消泡剂为 BYK-012、BYK-024、SN-1340、道康宁 62 中的一种或多种。

所述流平剂为聚醚改性二甲基硅氧烷。

所述剥离剂为水性硬脂酸。

所述改性硅溶胶的制备方法：取碱性硅溶胶装于有回流装置的三口烧瓶中，并将硅烷偶联剂溶于无水乙醇中形成溶液，在转速为 200~250r/min 搅拌下逐滴加到碱性硅溶胶中，滴加完后在 50~60℃下保温搅拌 7~8h，即得到改性硅溶胶。

其中，硅烷偶联剂为 γ-（2，3-环氧丙氧）丙基三甲氧基硅烷或 γ-甲基丙烯酰氧基丙基三甲氧基硅烷中的一种；碱性硅溶胶和无水乙醇的质量比为 1∶(1.2~1.5)。

产品应用 本品主要用作水性可剥离防腐涂料。

产品特性

(1) 本产品制备的水性可剥离防腐涂料，涂膜的强度和可剥离性表现良好，除了能有效防腐外，还具有抗紫外线功能，可以对底材提供更加全面和有效的保护。

(2) 本产品提供的涂膜具有较高的拉伸强度和断裂伸长率、低剥离强度、较好的耐水性和耐盐性。

(3) 本产品使用的是廉价的水而不使用价格较高、有毒的有机溶剂，既不会污染环境，又节省了生产成本，提高了施工的安全性。

(4) 本产品使用的填料含有云母粉，云母粉是一种具有层状结构的硅酸盐，具有光泽，富有弹性，可弯曲，耐磨性、耐热性、化学稳定性等性能良好，云母在水中或有机溶剂中分散悬浮性好，色白粒细，有黏性，可以阻止紫外线的穿透，防龟裂、粉化。

(5) 本产品添加的改性硅溶胶可以有效提高涂膜的耐水性、耐溶剂性、抗粘连性、耐热性、涂膜硬度。

(6) 本产品中加入的聚醚改性二甲基硅氧烷，可降低涂料体系的表面张力，并对基材有一定的润湿性，可使涂料具有很好的流平性和铺展性，此外，可同时提高涂膜的耐磨性、抗刮性、防粘性和增光性。

配方 65 水性快干底面合一丙烯酸防腐涂料

原料配比

原料	配比（质量份）		
	1#	2#	3#
快干水性丙烯酸树脂	48	53	55
金红石型钛白粉	18	20	20
防锈颜料	3	1.5	2.5
水性三聚磷酸铝	3	3.5	3.0
氧化铁黄	0.7	0.7	0.7
酞菁绿	3.5	3.5	3.5
炭黑	1	1	0.7
LT 膨润土	1	1	1
水	15	10.5	8
防闪锈剂	1	1.5	2
润湿剂	0.4	0.5	0.5
分散剂	0.5	0.4	0.35
消泡剂	0.2	0.3	0.35
成膜助剂	2.5	2.4	2.0
增稠剂	0.2	0.2	0.4

制备方法

（1）将水、润湿剂、分散剂、防闪锈剂、消泡剂和部分快干水性丙烯酸树脂按预设的质量比例加入分散机，设置分散机速度200r/min。

（2）依次加入金红石型钛白粉、水性磷酸锌、水性三聚磷酸铝、氧化铁黄、酞菁绿、炭黑，中速900r/min搅拌，时间35～45min，送至砂磨机分散至细度≤25μm。

（3）加入剩余量的快干水性丙烯酸树脂、增稠剂送至调漆搅拌釜内并进行分散，分散速度600r/min、釜内温度60～75℃、分散时间40～60min。

（4）加入成膜助剂进行充分混合，低速搅拌10～15min，搅拌速度200～300r/min，釜内温度控制在35～45℃，即可得到水性快干底面合一丙烯酸防腐涂料。

原料介绍 所述金红石型钛白粉、水性磷酸锌、水性三聚磷酸铝为目数≥500。

所述快干水性丙烯酸树脂为美国陶氏RR－71K水性丙烯酸树脂。

产品应用 本品主要用于高产量生产链工序工艺涂装。

产品特性 本产品安全环保，具有很强的耐候、耐盐雾、抗腐蚀性能，干燥时间短，同时涂料施工方便。

配方66 水性耐候聚硅氧烷涂料

原料配比

原料		配比（质量份）				
		1#	2#	3#	4#	5#
A组分		10	10	10	10	10
B组分		0.5	1.5	1	0.8	0.95
A组分	改性聚硅氧烷树脂	40	20	30	36	34
	水性氟碳树脂	15	30	24	20	22
	水性耐候性脂环族环氧树脂	20	5	10	13	12
	沉淀硫酸钡	5	15	12	10	11.5
	煅烧高岭土	10	5	6	8	7.6
	纳米材料	15	30	24	20	22
	羟丙基甲基纤维素	2	1	1.4	1.8	1.56
	消泡剂	1	2	1.8	1.5	1.66
	润湿剂	2	1	1.4	1.6	1.5
	分散剂	1	2	1.5	1.2	1.45
	流平剂	2	1	1.5	1.8	1.6
	水	15	30	24	16	21
B组分	水性聚氨酯固化剂	10	5	6	8	7.2
	氨基硅烷固化剂	1	4	2.8	2	2.4
	丙二醇甲醚乙酸酯	18	10	12	15	13
	催化剂	0.2	0.8	0.6	0.4	0.5
纳米材料	纳米二氧化钛	—	—	1	1	1
	纳米二氧化硅	—	—	1	2	0.95
	纳米碳管	—	—	1.5	0.5	1.2

续表

原料		配比（质量份）				
		1#	2#	3#	4#	5#
改性聚硅氧烷树脂	含氢硅油	—	—	20	40	36
	聚醚	—	—	15	10	13
	甲苯氮气	—	—	50	100	86
	硅烷偶联剂	—	—	5	10	8
	硝酸铯	—	—	1.5	5	1.2

制备方法 将各组分原料混合均匀即可。

产品应用 本品主要用作水性耐候聚硅氧烷涂料。

产品特性 本产品中，改性聚硅氧烷树脂经过聚醚、硅烷偶联剂、硝酸铯改性，表面能极高，交联固化后，涂膜致密度、防腐性及附着力均极为优异，与水性氟碳树脂、水性耐候性脂环族环氧树脂协同作用，耐腐蚀性以及耐紫外线老化能力明显增强，大大延长使用寿命。加入的纳米材料粒径小，表面能极高，与沉淀硫酸钡、煅烧高岭土及羟丙基甲基纤维素协同固化后，对紫外线屏蔽作用极好，耐紫外线老化性能优异，对底材的附着力极好，涂料使用寿命长。水性聚氨酯固化剂、氨基硅烷固化剂与改性聚硅氧烷树脂、水性氟碳树脂、水性耐候性脂环族环氧树脂的相互反应，常温即可固化成膜，降低了能耗，特别适合用于桥梁钢结构的防腐。

配方 67 水性耐污可紫外线固化金属涂料

原料配比

原料	配比（质量份）		
	1#	2#	3#
可紫外线固化含氟聚氨酯/纳米二氧化硅复合乳液	80	80	80
润湿剂	0.2	0.2	0.2
分散剂	0.5	0.5	0.5
消泡剂	0.5	0.5	0.5
紫外线引发剂	2.5	2.5	2.5
紫外线吸收剂	0.4	0.4	0.4
防闪锈助剂	0.5	0.5	0.5
防冻剂	1	1	1
成膜助剂	5	5	5
防腐剂	0.2	0.2	0.2
增稠剂	1	1	1
水	8.2	8.2	8.2
纳米二氧化硅	5	10	15

制备方法 将各组分原料混合均匀即可。

原料介绍 所述可紫外线固化含氟聚氨酯/纳米二氧化硅复合乳液通过如下步骤得到：

（1）己二酸与新戊二醇在有机溶剂中加热反应得到平均分子量为700～800的端羟基的聚酯低聚物；

（2）将端羟基的聚酯低聚物、二羟甲基丙酸和异佛尔酮二异氰酸酯溶于有机溶剂中，加入催化剂于55～75℃下催化反应3～5h，加入甲基丙烯酸羟乙酯和含氟醇进行封端反应，封端后调节pH值至8～9，加水乳化，得到可紫外线固化含氟聚氨酯乳液；

（3）将正硅酸乙酯、乙醇和水混合，调节pH值至4～5，水解得到纳米二氧化硅，再加入γ-甲基丙烯酰氧基丙基三甲氧基硅烷于55～65℃反应3～5h，得到纳米二氧化硅溶胶；

（4）在搅拌下，将纳米二氧化硅溶胶加入可紫外线固化含氟聚氨酯乳液中，即得到可紫外线固化含氟聚氨酯/纳米二氧化硅复合乳液。

所述己二酸与新戊二醇的摩尔比为3:4。

所述端羟基的聚酯低聚物、二羟甲基丙酸和异佛尔酮二异氰酸酯的质量比为（20～35):(5～8):(20～30)；更优选地，所述端羟基的聚酯低聚物、二羟甲基丙酸和异佛尔酮二异氰酸酯的质量比为20:5:25。

所述催化剂为二丁基锡二月桂酸酯。

所述含氟醇为五氟戊醇、十二氟庚醇或十六氟壬醇；更优选地，所述含氟醇为十二氟庚醇。

所述甲基丙烯酸羟乙酯与含氟醇的摩尔比为1:1.5。

所述正硅酸乙酯、乙醇与水的质量比为（5～10):(15～20):(3～10)；更优选地，所述正硅酸乙酯、乙醇与水的质量比为8:10:5。

所述γ-甲基丙烯酰氧基丙基三甲氧基硅烷的用量为正硅酸乙酯用量的0.8～1.5倍；更优选地，所述γ-甲基丙烯酰氧基丙基三甲氧基硅烷的用量为正硅酸乙酯用量的1.1倍。

所述制得的可紫外线固化含氟聚氨酯/纳米二氧化硅复合乳液中纳米二氧化硅的含量为5%～15%，乳液固含量≥30%。

所述水性耐污可紫外线固化金属涂料可加入适量的水以调节涂料的黏度。

所述水性耐污可紫外线固化金属涂料可根据需要加入其他添加剂，如防冻剂等。

所述润湿剂可选用Tego-Wet 270、Tego-Wet 280、Hydropalat 110等。

所述分散剂可选用高分子类分散剂，如BYK-192、EFKA-6220等。

所述消泡剂可选用有机硅消泡剂和/或聚醚改性有机硅消泡剂，如CF 698、BYK-025、Tego-Foamex 825、Tego-Foamex 830、Tego-Airex 901W等。

所述紫外线引发剂可选用Irgacure 2959（巴斯夫）等。

所述紫外线吸收剂为市售紫外线吸收剂，如Tinuvin 99 DW等。

防闪锈助剂，如DREWGARD 347 SA，FLASH-X 330等。

所述增稠剂可选用聚氨酯类增稠剂，如RM 8W、RM 2020、Tego-ViscoPlus 3000等。

所述防冻剂可选用乙二醇或丙二醇。

所述成膜助剂可选用 TPM、DPnB、OE 300、Texanol 中的一种或两种。

所述防腐剂可选用 BIOBAN BP－40、Proxel CF 等。

产品应用 本品主要用于汽车等交通工具、城市建设用金属护栏、桥梁护栏等金属表面的涂装。

产品特性 本产品在紫外线辐照下迅速固化成膜并具有突出耐沾污性、高硬度、高透明度。本产品的优势在于具有保护作用的同时具备突出耐沾污性能，可长期保持被保护对象清洁靓丽的外观，有效减少清洁成本。

配方 68 水性耐蒸煮涂料

原料配比

原料		配比（质量份）				
		1#	2#	3#	4#	5#
环氧乳液		60	56	56	90	10
交联树脂	水性醛酮树脂	15	16	16	5	5
	酚醛树脂	—	8	—	—	—
	封闭异氰酸酯树脂	—	—	8	—	—
助剂		1	1	1	1	2
水		加至 100	加至 100	加至 100	加至 100	加至 100
环氧乳液	环氧树脂 E 06	31.5	—	—	—	40
	环氧树脂 E 12	—	31.5	—	—	—
	环氧树脂 E 21	—	—	31.5	—	—
	环氧树脂 E 06	—	—	—	20	—
	酮亚胺树脂	4	4	4	2	8
	甲基异丁基甲酮	35	35	35	25	35
	丙二醇苯醚	14	14	14	10	10
	乳酸	3.2	3.2	3.2	3	3.2
	水	加至 100	加至 100	加至 100	加至 100	加至 100

制备方法

（1）在装有温度计、搅拌器、冷凝器的反应瓶中依次投入配方量的甲基异丁基甲酮、环氧树脂升温至 80～120℃回流；

（2）待环氧树脂完全溶解后，降温至 80℃，加入酮亚胺树脂，升温至 90～140℃回流，保温 2～3h；

（3）对步骤（2）保温后的产物进行取样测黏度，当格式管测得的黏度达到 6～8s 时即为合格；

（4）加入丙二醇苯醚，真空蒸出全部甲基异丁基甲酮，降温至 70℃，加入乳酸搅匀，缓慢加入水，乳化 0.5～3h，降温，出料，得到水性环氧乳液；

（5）将水性环氧乳液、交联树脂按一定的比例混合均匀，加入助剂，并用水调整黏度和固体分至规定要求，得到一定稳定的水性耐蒸煮涂料，外观为黄色或淡黄乳液，涂－4杯测得的黏度为30～60s，固体含量为28%～32%，pH值为6.2～6.8。

原料介绍 所述环氧乳液所含的组分如下：环氧树脂20～40份，酮亚胺树脂2～8份，甲基异丁基甲酮25～45份，丙二醇苯醚10～20份，乳酸1～5份，水加至100。

所述环氧树脂为中高分子量环氧树脂，可以是环氧树脂E－20、E－12、E－21、E－42、E－06固体环氧树脂，优选为E－06。

所述交联树脂为酚醛树脂、封闭异氰酸酯树脂、水性醛酮树脂中的任意一种。

所述助剂可以是但不限定于水性涂料通用流平剂、消泡剂、增稠剂、润湿剂等。

产品应用 本品主要用于医药盖和食品罐内涂。

水性耐蒸煮涂料的使用方法：用刮棒将水性耐蒸煮涂料涂覆在洁净的马口铁上，闪干1min，200℃烘烤10min，控制干膜厚度在5～8μm。

产品特性

（1）本品采用阳离子乳液，有机酸作为中和剂，有效地克服了涂层的气味。

（2）涂层通过固化剂的复合，有效解决了高交联度下涂层发脆、无法满足后道冲压加工要求的不足。

（3）本产品具有优异的耐溶剂性和耐蒸煮性。

配方69 水性膨胀型钢结构防火涂料

原料配比

原料	配比（质量份）		
	1#	2#	3#
乙叔乳液	19.2	20.2	21
ES100	0.05	0.08	0.1
丙二醇乙醚	0.5	0.5	0.7
乙二醇丁醚	—	0.3	0.4
环氧树脂E－20	0.5	0.8	1.1
聚磷酸铵	29	29	28.5
季戊四醇	10	9.5	9.2
三聚氰胺	10	9.5	9.0
锐钛型钛白粉	9.5	9.3	9.4
水	21.25	20.82	20.6

制备方法

（1）制备环氧改性乙叔乳液：按上述配比将环氧树脂E－20、乳化剂、助溶剂加入带有搅拌器、冷凝器的反应釜中，90℃加热至固相熔融后降温至60℃，保温并在高剪切力作用下滴加乙叔乳液，至黏度突变后保持搅拌0.5h，最后加入剩余的乙叔乳液并搅拌均匀，即得。

（2）制备涂料：将聚磷酸铵、三聚氰胺、季戊四醇、钛白粉和水加入高速分散机中预分散后，泵送至砂磨机，研磨至规定细度，转移至调漆釜，然后加入改性乙叔乳液搅拌均匀，即制得所述水性膨胀型钢结构防火涂料。

原料介绍 所述环氧树脂为双酚 A 型环氧树脂 E－20。

所述乳化剂为法国先创牌号为 ES100 的含环氧基团的反应型乳化剂。

所述助溶剂由丙二醇乙醚、丙二醇甲醚、乙二醇乙醚和乙二醇丁醚中的一种或几种组成。

所述聚磷酸铵为脱水成炭催化剂，优选经包覆改性的高聚合度Ⅱ型产品。

所述三聚氰胺为发泡剂，其分解产生的不燃性气体“吹起”炭层起到膨胀发泡的作用。

所述季戊四醇为成炭剂，优选超细产品，如此可以缩短制漆研磨时间。

所述钛白粉为着色颜料，在本产品中还作为活性物质参与聚磷酸铵的系列化学反应过程，钛白粉与聚磷酸铵反应产物焦磷酸钛起到炭层支撑和抗氧化作用，提高了炭层强度和高温抗氧化性，本产品中优选锐钛型钛白粉。

产品应用 本品主要用作钢结构建筑用水性膨胀型防火涂料。

产品特性

（1）本产品以改性乙叔乳液为涂料的基料，该改性过程不同于物理混拼，而是在环氧树脂乳化过程中原位改性，更好地兼具了环氧树脂和乙叔乳液作为涂料漆基的优异性能，特别是环氧改性乙叔乳液提高了乙叔基料的热稳定性，降低了热烧蚀速率，从而增加了其与膨胀阻燃填料的反应时长，使发泡炭层更加致密，保证了膨胀炭层具有一定的抗冲击强度。

（2）本产品将环氧树脂改性乙叔乳液作为成膜物质应用到配方体系中后，制成的防火涂料在遇火膨胀后，使得发泡倍率降低，炭层厚度减薄，能够形成高内聚强度的膨胀炭层，从而有效缓解了乙叔乳液基水性膨胀型钢结构防火涂料炭层强度差、易冲蚀掉落的弊病。同时，因为膨胀炭层更加致密和均匀，故其隔热性能并未下降，反而有所提升。

（3）本产品使用了环氧改性乙叔乳液，以及优选聚磷酸铵、三聚氰胺和季戊四醇三者的比例及总的添加量，再添加与聚磷酸铵分解产物有反应活性的无机耐高温颜料钛白粉后，使得炭层抗高温氧化性增强，提高耐火时长。

配方 70 水性杀菌聚氨酯金属涂料

原料配比

原料	配比（质量）			
	1#	2#	3#	4#
醛酮改性聚氨酯	75	85	78	82
水性丙烯酸树脂	16	13	15	14
水性环氧树脂	9	12	10	11
沸石粉	18	15	17	16
滑石粉	22	25	23	24
重质碳酸钙	22	18	20	19

续表

原料		配比（质量）			
		1#	2#	3#	4#
纳米银		0.5	1.5	0.8	1.2
辣椒素		3	2	2.8	2.4
消泡剂		1	2	1.2	1.8
分散剂		2	1	1.6	1.3
流平剂		2	3	2.4	2.8
颜料		8	5	7	6
醛酮改性聚氨酯	醛酮树脂	9	12	10	11
	聚己二酸-1,4-丁二醇酯二醇	16	13	15	14
	聚己二醇	30	35	31	33
	改性六亚甲基二异氰酸酯	18	15	17	16
	三甲基戊二醇	13	10	12	11
	二羟甲基丙酸	2	4	2.5	3.5
	三聚氰胺-甲醛树脂和丙酮	21	18	20	19
	二月桂酸二丁基锡	0.7	1	0.8	0.9
	N-丙基二乙醇胺	2	3	2.5	2.6
	二甲基乙醇胺	5	3	4.5	3.8
	水	260	290	270	280
	月桂酸酞菁锌	0.9	0.6	0.8	0.7
改性六亚甲基二异氰酸酯	六亚甲基二异氰酸酯	97	100	98	99
	磷酸三丁酯	2.5	2.2	2.4	2.3
月桂酸酞菁锌	四氨基酞菁锌	1.3	1	1.1	1.2
	月桂酸和*N*,*N*-二甲基乙酰胺混合	5	6	5.8	5.5

制备方法 将各组分原料混合均匀即可。

原料介绍 所述醛酮改性聚氨酯的制备方法如下：按上述质量份将醛酮树脂加入丙酮中溶解得到物料A；将聚己二酸-1,4-丁二醇酯二醇和聚己二醇加热至80~83℃，保温3~4h，接着真空脱水得到物料B；将物料A、物料B和改性六亚甲基二异氰酸酯混合后，通入N_2保护，升温至85~88℃，保温2~4h，然后降温，加入三甲基戊二醇、二羟甲基丙酸、三聚氰胺-甲醛树脂和丙酮，再加入二月桂酸二丁基锡，升温至90~95℃，保温1~1.3h得到物料C；将物料C降温至37~40℃后，再滴加含*N*-丙基二乙醇胺和二甲基乙醇胺的混合溶液，升温至75~78℃，保温38~42min得到物料D；将物料D进行中和后，再加水进行乳化分散，真空蒸馏后，再加入月桂酸酞菁锌搅拌均匀得到醛酮改性聚氨酯。

所述醛酮改性聚氨酯制备方法中的改性六亚甲基二异氰酸酯按如下步骤进行制备：将六亚甲基二异氰酸酯和磷酸三丁酯混合后，升温至225～230℃，保温0.8～1h，接着减压蒸馏，冷却至75～80℃进行熟化得到改性六亚甲基二异氰酸酯。

所述六亚甲基二异氰酸酯和磷酸三丁酯的质量比为（97～100）:(2.2～2.5)。

所述醛酮改性聚氨酯制备方法中的月桂酸酞菁锌按如下步骤进行制备：按上述质量份将四氨基酞菁锌、月桂酸和N,N－二甲基乙酰胺混合后，进行油浴加热，温度为135～140℃，油浴时间为7～8h，加热过程中不停搅拌，然后减压蒸馏、洗涤、离心、洗涤、干燥得到月桂酸酞菁锌。

所述四氨基酞菁锌的制备方法如下：将3.82g 4－硝基邻苯二腈和1g乙酸锌混合后放入圆底烧瓶中，向其中加入143mL无水硝基苯，充分搅拌后，加热到150℃，氮气保护下反应24h。反应完毕后，冷却到室温，向其中加入大量的甲醇，抽滤，洗涤至滤液无色为止，然后真空干燥，干燥后将固体刮下，用质量分数为10%的盐酸回流3h，抽滤，用水洗涤至滤液呈无色为止，真空干燥，再用质量分数为10%的NaOH溶液回流3h，抽滤，用水洗涤至滤液呈无色为止，真空干燥，得到四硝基酞菁锌。将1.45g四硝基酞菁锌和7.25g无水硫化钠溶解在55mL水中，加热到50℃，氮气保护下反应5h。反应完毕后，降到室温，抽滤，用大量的水洗涤至滤液无色为止，真空干燥。干燥后的样品用柱层析法分离，所用硅胶为200～300目，用石油醚（60～90）灌柱子，以N,N－二甲基甲酰胺为淋洗剂淋洗，收集，真空干燥，得到四氨基酞菁锌。

产品应用 本品主要用作水性杀菌聚氨酯金属涂料。

产品特性 本产品采用醛酮改性聚氨酯、水性丙烯酸树脂、水性环氧树脂作为成膜物质，不仅具有优异的耐化学腐蚀性，韧性和强度高，附着力强，耐热性优秀，而且上述物料作为成膜物质能在水中分散均匀，大大提高了涂料的加工性能。沸石粉、滑石粉、重质碳酸钙、纳米银构成本产品的填充物，使本产品在固化后具有优异的强度、韧性、防水性、抗老化性、耐磨性和耐腐蚀能力；沸石粉、滑石粉具有庞大的比表面积、表面多介孔结构和极强的吸附能力，不仅使本产品在固化后可吸附空气中的有害粉尘，还使本产品具有良好的阻燃性能。纳米银、辣椒素可与醛酮改性聚氨酯中的月桂酸酞菁锌产生协同效应，使病菌的细胞膜被破坏，从而达到杀菌抑菌的效果。

配方71 水性真空镀膜底涂料

原料配比

原料		配比（质量份）				
		1#	2#	3#	4#	5#
水性聚酯树脂		60	40	35	30	20
水性氨基树脂		15	20	22	25	30
水		40	35	30	25	20
成膜助剂	丙二醇甲醚	10	—	—	17	—
	丙二醇乙醚	—	6	—	—	—
	丙二醇丁醚	—	6	5	—	—

续表

原料		配比（质量份）				
		1#	2#	3#	4#	5#
流平剂	BYK-306	0.5	—	—	—	—
	BYK-318	—	0.5	—	—	—
	BYK-310	—	—	0.1	—	0.02
	德谦431	—	—	0.1	—	—
	德谦432	—	—	—	0.2	—
	Tego435	0.5	—	—	—	—
固化促进剂	氰特 CYCAT-4040	—	0.3	—	0.1	0.02
	BYK-450	0.4	—	0.4	—	—
基材润湿剂	BYK-347		0.5	0.2	—	—
	BYK-3470	0.5	—	—	—	—
	BYK-377	—	—	—	0.1	—
	Tego270	0.5	—	—	—	—
	Tego500	—	—	0.1	—	—
	Tego510	—	—	—	—	0.03
中和胺	氨水	0.3	—	—	—	—
	一乙醇胺	0.3	—	—	—	—
	二乙醇胺	—	0.2	—	—	—
	二甘醇胺	—	—	0.1	—	—
	三乙胺	—	—	—	0.1	—
	三乙醇胺	—	—	—	—	0.03

制备方法 在调漆罐中，按上述配比加入水性聚酯树脂、水性氨基树脂、成膜助剂和水，充分搅拌混合成混合溶液，边搅拌边加入中和胺，调整所述混合溶液的pH值为8～9，加入辅料，搅拌混合均匀，加入水，搅拌调整成品黏度为岩田2#杯20～40s，检测合格后出料包装。

产品应用 本品主要用于涂料领域，是一种水性真空镀膜底涂料。

产品特性

（1）本产品为环境友好型水性真空镀膜底涂料，与传统溶剂型涂料相比具有低VOC、安全不燃等优点，同时各种理化性能完全可以取代传统的溶剂型涂料。

（2）本产品通过进行涂料成分及各成分配比筛选，取得硬度、柔韧性、附着力、亮度、耐热性、耐盐雾等一系列参数的平衡。

配方 72 水性重防腐底面合一涂料

原料配比

原料	配比（质量份）		
	1#	2#	3#
水性聚硅氧烷树脂	10	20	20
水性氟碳树脂	15	10	20
水性醌胺聚合物	15	10	10
水性环氧树脂等聚合物	5	15	8
水性酚醛胺环氧固化剂	10	5	5
着色颜料	5	1	1
防锈颜料	2	7	7
无机填料	15	15	10
pH 调节剂	1	3	3
助溶剂	5	5	1
分散剂	11	5	12
增稠剂	5	1	1
消泡剂	0.5	1.3	0.8
流平剂	0.5	1.7	1.2

制备方法

（1）按配方量将水性聚硅氧烷树脂、水性氟碳树脂、水性醌胺聚合物、水性环氧树脂等聚合物、水性酚醛胺环氧固化剂、pH 调节剂、助溶剂、消泡剂和流平剂混合，分散均匀；

（2）按配方量加入无机填料，高速分散约 30min，加入分散剂搅拌均匀；

（3）按配方量加入着色颜料、防锈颜料和增稠剂，低速分散约 10min，得到所需涂料。

产品应用 本品主要用作海洋环境下对钢铁材料进行长期保护的涂料，是一种水性重防腐底面合一涂料。

产品特性 本涂料有机挥发物 VOC 含量 100g/L 以下，不含重金属，符合国际上对涂料绿色环保的要求。通过喷涂、刷涂或滚涂，在干膜厚度 200μm 情况下，耐盐雾性能超过 2000h；耐大气老化超过 4000h，具备 15 年以上的海洋环境钢铁防护功能。本品免除了传统施工需要两种以上底面涂料配套施工的繁琐方式，简化了生产和施工。

配方 73 水性转化渗透型带锈防蚀涂料

原料配比

原料	配比（质量）		
	1#	2#	3#
水溶性乙丙乳液	25	28	30
亚铁氰化钾	5	8	10
三聚磷酸二氢铝	5	8	10
环己六醇六磷酸酯	2	4	6
铁红	8	11	14
氧化锌	3	5	8
硫酸钡	4	5	6
成膜助剂	1.5	2	2.5
消泡剂	0.5	0.8	1.5
填料分散剂	10	15	20
水	30	40	50

制备方法 将各组分原料混合均匀即可。

产品应用 本品主要用作水性转化渗透型带锈防蚀涂料。

产品特性 本涂料是以水为溶剂，选用无毒的防锈颜料及助剂研制的水性带锈防蚀涂料，各项指标均达到了实用要求，不仅减少了环境污染，提高了涂装效率，同时还具有转化、渗透双重功能，减少了施工环节，节约了施工费用。

配方 74 水性钢构氟碳防腐涂料

原料配比

原料	配比（质量份）
水	25～30
分散剂	0.4～0.5
消泡剂	0.8
增稠剂	1.1～1.3
成膜助剂	0.8
水性氟碳乳液	25～46
复合铁钛粉	20～25
超细滑石粉	5～10
超细煅烧高岭土	0～2
钛白粉	3～5
改性磷酸锌	3～5
沉淀硫酸钡	0～2

制备方法

（1）按质量分数将分散剂和水加入电动分散机中搅拌20min；

（2）再依次加入水性氟碳乳液、超细滑石粉、超细煅烧高岭土、钛白粉、改性磷酸锌、复合铁钛粉，先低速搅拌，再中速搅拌；

（3）搅拌后的成品用砂磨机砂磨到颗粒粒度至50μm；

（4）再放入分散机内低速搅拌，同时继续加入消泡剂、增稠剂、成膜助剂，并加入水调节黏度；

（5）最后经200目滤网过滤。

产品应用 本品是一种水性钢构氟碳防腐涂料。

产品特性 本产品提高了涂料对氧气和水分子的屏蔽作用，通过加入的金属氧化物和金属盐改变钢结构表面的性能起到防腐作用。

配方75 水性耐候转化型防锈涂料

原料配比

原料		配比（质量份）		
		1#	2#	3#
葡萄糖酸	30%的葡萄糖溶液	200（体积份）	250（体积份）	300（体积份）
	30%的过氧化氢溶液	40（体积份）	45（体积份）	50（体积份）
	二氧化锰催化剂	3	4	5
自制转锈剂	葡萄糖酸	6（体积份）	6（体积份）	6（体积份）
	甘油	4（体积份）	4（体积份）	4（体积份）
	三苯基膦	1（体积份）	1（体积份）	1（体积份）
卵磷脂		3	4	5
水		400（体积份）	450（体积份）	500（体积份）
甲基丙烯酸甲酯		10	13	15
甲基丙烯酸		15	18	20
磷酸酯		5	6	8
甲基丙烯酸十二氟庚酯		3	4	5
过硫酸铵溶液		2（体积份）	3（体积份）	4（体积份）
自制转锈剂		20	25	30
微晶石蜡		3	4	5
乙醇		5（体积份）	8（体积份）	10（体积份）
乳化硅油		3（体积份）	4（体积份）	5（体积份）
水		200（体积份）	250（体积份）	300（体积份）

制备方法

（1）量取200～300mL质量分数为30%的葡萄糖溶液装入容量为500mL并且底部带有曝气装置的玻璃圆柱中，移入水浴锅，水浴加热至40～50℃，在玻璃柱四周用30～40W的紫外灯进行照射，启动装置进行曝气；

（2）在曝气的过程中向玻璃柱内滴加40～50mL质量分数为30%的过氧化氢溶液，

继续曝气反应1～2h后，将反应液移入油浴锅，加热至90～100℃并加入3～5g二氧化锰催化剂，保温反应1～2h还原多余过氧化氢，过滤分离回收催化剂后，得到葡萄糖酸；

（3）向带有搅拌器、温度计和滴液漏斗的四口烧瓶中按体积比为6∶4∶1依次加入上述制得的葡萄糖酸、甘油和三苯基膦，放入恒温箱中以5℃/min的速率程序升温至170～180℃，保温酯化反应3～5h后，降温过滤分离得到滤渣放入真空干燥器干燥后，即得自制转锈剂；

（4）称取3～5g卵磷脂和400～500mL水倒入1L锥形瓶中，放置在磁力搅拌机上以200～300r/min速率进行搅拌，边搅拌边加热升温至75～85℃，得预乳化液；

（5）再将10～15g甲基丙烯酸甲酯、15～20g甲基丙烯酸、5～8g磷酸酯和3～5g甲基丙烯酸十二氟庚酯混合均匀后连同2～4mL过硫酸铵溶液一起加入上述预乳化液中，连接冷凝装置，在85～95℃下搅拌回流2～3h，冷却至室温后过滤去除滤渣，即得含氟水性防锈乳液；

（6）将20～30g自制转锈剂、3～5g微晶石蜡、5～10mL乙醇和3～5mL乳化硅油加入200～300mL水中，用玻璃棒搅拌均匀后连同1～2L上述制得的含氟水性防锈乳液一起装入高速分散机中，充分分散2～3h后，出料装罐即得水性耐候转化型防锈涂料。

产品应用 本品是一种水性耐候转化型防锈涂料。

应用方法：取水性耐候转化型防锈涂料用涂料刷均匀涂刷于待处理的金属表面，均匀涂抹1～2层，每层厚度为1～1.2mm，涂完后，待涂层略为干固（刚好不粘手）后，再均匀涂抹第二遍，涂抹厚度为0.6～0.8mm，自然环境下使其完全干固，之后再用细雾喷水均匀覆盖涂层2～3d即可。经检测发现，金属使用10～20个月后，无腐蚀锈迹产生，具有极佳的防锈效果。

产品特性 本产品制得的防腐涂料中自制多酚型转锈剂的酚羟基可以和铁离子配位产生稳定的配体，成为漆膜中一种有益的成分而牢固地黏附在钢铁表面，形成保护性封闭层，防止钢铁氧化锈蚀，起到除锈防锈双重作用。含氟丙烯酸乳液具有更好的热稳定性、化学稳定性、耐候性、不黏性、耐化学腐蚀性以及阻水阻油性，制成的防锈涂料可以不用经磷化钝化处理直接涂覆在金属表面，具有极佳的防锈效果。

配方76 阻燃水性涂料

原料配比

<table>
<tr><th colspan="2" rowspan="2">原料</th><th colspan="3">配比（质量份）</th></tr>
<tr><th>1#</th><th>2#</th><th>3#</th></tr>
<tr><td colspan="2">水性聚氨酯乳液</td><td>100</td><td>150</td><td>130</td></tr>
<tr><td colspan="2">环氧树脂</td><td>40</td><td>60</td><td>50</td></tr>
<tr><td colspan="2">羟乙基纤维素</td><td>15</td><td>20</td><td>18</td></tr>
<tr><td colspan="2">三聚磷酸铝</td><td>32</td><td>45</td><td>38</td></tr>
<tr><td colspan="2">无水乙醇与N,N－二甲基甲酰胺的体积比为（1∶2）～（1∶20）的混合溶剂</td><td>20</td><td>40</td><td>30</td></tr>
<tr><td colspan="2">磷氮复合阻燃剂</td><td>14</td><td>28</td><td>19</td></tr>
<tr><td colspan="2">甲基膦酸二甲酯</td><td>6.5</td><td>7.3</td><td>7</td></tr>
<tr><td>异氰酸酯类化合物</td><td>经亲水性改性的基于六亚甲基二异氰酸酯的低聚合物</td><td>3.8</td><td>4.5</td><td>4</td></tr>
<tr><td>消泡剂</td><td>聚二甲基硅氧烷</td><td>1.4</td><td>2.8</td><td>2.1</td></tr>
</table>

制备方法 将各组分原料混合均匀即可。

产品应用 本品主要用作新型阻燃水性涂料。

产品特性 本产品具有良好的耐腐蚀性，对基材的附着力强，不仅能够保护基材，而且能够起到防锈的效果，具有良好的阻燃性能，同时克服了溶剂型涂料对环境的污染，应用广泛。

配方 77 阴极水性涂料乳液

原料配比

原料		配比（质量份）		
		1#	2#	3#
CYD 环氧树脂		702.5	381	1208
甲醚		280.8	140.4	528.5
异辛醇		51.5	25.8	75.5
二乙醇胺		50.8	25.4	74
多胺树脂		201.2	101.6	339.8
交联剂Ⅰ		616.8	330.2	1057
交联剂Ⅱ		95.5	50.8	188.8
甲酸		77.8	77.8	151.5
水		1923.2	1270	3775
交联剂Ⅰ	TDI	1	1	1
	乙二醇丁醚	153	153	153
	聚醚 N-220	124	124	124
	有机锡液	1	1	1
	丙二醇甲醚	185	185	185
交联剂Ⅱ	TDI	308	308	308
	乙二醇丁醚	159	159	159
	异辛醇	230	230	230
	有机锡液	2	2	2
	丙二醇甲醚	300	300	300

制备方法

（1）按上述配比，将 CYD 环氧树脂、甲醚和异辛醇加入用于熔化环氧树脂的化环氧釜中升温至 55～65℃以后，开动搅拌，继续升温至 75℃，使环氧树脂全部熔化。

（2）将全部熔化的环氧树脂投入反应釜，升温至 75℃，加入二乙醇胺，保温反应至环氧树脂开环。

（3）环氧树脂开环后，加入多胺树脂，继续升温至 98～102℃，保温反应 2h 以上。保温2h以上可以使环氧树脂的环打开，若保温时间太短，则环氧树脂的环打不开，环氧树脂不具有水溶性。

（4）保温反应结束后，加入改善流平性和延展性的交联剂Ⅰ和抗缩孔的交联剂Ⅱ，然后升温至108～112℃，保温反应1h以上。

（5）检测黏度合格后，降温至80℃，加入甲酸，搅拌均匀并中和完毕后，加入水，搅拌均匀。

（6）检测合格后过滤、包装。

原料介绍 所述交联剂Ⅰ的生产工艺包括以下步骤：

（1）检查反应釜是否洁净，各管道、阀门是否到位；

（2）用真空抽入140～310份TDI，开动搅拌，加入1～2份有机锡液；

（3）提前泵入计量罐中140～310份乙二醇丁醚，待物料温度升至55～65℃时，开始滴加乙二醇丁醚，滴加过程中温度控制在55～65℃；

（4）滴加完毕后，在65～70℃保温反应1h，然后加入100～250份聚醚；

（5）升温至88～92℃，保温反应3h以上，然后降温至80℃，加入160～370份丙二醇甲醚，搅拌均匀后出料至洁净、干燥的密闭容器中，并通知中控人员测固含量，待用。

所述交联剂Ⅱ的生产工艺包括以下步骤：

（1）检查反应釜是否洁净，各管道、阀门是否到位；

（2）用真空抽入280～480份TDI，开动搅拌，加入1～3份有机锡液；

（3）提前泵入计量罐中200～350份异辛醇和140～250份乙二醇丁醚，异辛醇和乙二醇丁醚位于不同的计量罐中，待物料温度升至55～65℃时，开始滴加异辛醇，滴加完毕后，再滴加乙二醇丁醚；

（4）滴加完毕后，在70～75℃保温反应2h以上，然后升温至88～92℃，保温反应2h以上，保温结束后降至80℃加入280～460份丙二醇甲醚，搅拌均匀后出料至洁净、干燥的密闭容器中，并通知中控人员测固含量，待用。

加入水时为缓慢加入，加入过程中同时搅拌，水添加完毕后，搅拌至呈胶状。水缓慢加入并同时搅拌，能够提高混合的效率，搅拌至呈胶状以后，乳液中的溶质不容易沉淀，产品质量好。

产品应用 本品主要用作防腐涂料，是一种阴极水性涂料乳液。

产品特性

（1）异辛醇沸点高达185～189℃，相比其他溶剂，沸点要高出许多。在乳液的生产过程中，反应温度一般在100℃左右。选择异辛醇作为溶剂，利用其沸点高的特点，在生产过程中不易挥发，既降低了损耗，又安全环保；同时，异辛醇还具有防腐的作用，增加涂料的防腐效果。

（2）加入二乙醇胺可以增加环氧树脂的水溶性，产品亲水性更好，加水后不会出现分层的现象，涂料的着色效果更好，产品品质更加细腻。

（3）加入交联剂能够使涂料更加致密，改善乳液的流平性和延展性，此外，交联剂还具有抗缩孔的效果，避免产品出现缩孔，漆膜更加平整。

（4）交联剂中添加TDI作为封闭剂，能够避免环氧树脂开环太多导致其水溶性太强，从而使溶剂损耗太大的问题，实现了环氧树脂开环的适中，保证产品品质的同时降低原料的损耗，降低生产成本。

(5) 添加多胺树脂，能够增加涂料电泳的泳透率，从而使电泳涂膜的膜厚均一，提高防腐效果。

(6) 用甲酸代替目前使用的乳酸和乙酸，因为甲酸水溶性更好，分散性更好，能够避免乳液中出现小颗粒；此外，甲酸的沸点高，80℃就可以添加，乳酸和乙酸需要降温至60℃才能添加，缩短了降温时间，提高了生产效率。

(7) 本产品的生产工艺，合理地安排原料的添加顺序、反应温度及反应时间，生产效率高。

(8) 本产品的生产工艺，放热反应部分采用滴加方式加料，避免出现溶剂沸腾现象，保证反应正常进行的同时避免溶剂的浪费。

配方 78 用于金属表面的耐高温的水性涂料

原料配比

原料	配比（质量份）		
	1#	2#	3#
环氧改性有机硅树脂	73	75	74
乙二醇丁醚	12	15	14
丁基橡胶	11	13	12
钛白粉	15	18	16
六偏磷酸钠	17	20	19
碳酸钙	11	13	12
二氧化钛	12	18	17
水	70	80	75
抗氧剂 264	10	12	11
高岭土	2	5	3
邻苯二甲酸二辛酯	11	14	12
GPE 型消泡剂	3	5	4
甲酮	7	9	8
丙烯酸酯共聚树脂乳液	12	13	12

制备方法

(1) 将环氧改性有机硅树脂、乙二醇丁醚、丁基橡胶、钛白粉、六偏磷酸钠先放入搅拌釜内进行混合，控制搅拌釜中的温度在 70～75℃，设定搅拌速度 650～655 r/min，搅拌时间 20～25min，然后依次放入碳酸钙、二氧化钛、水、抗氧剂 264、高岭土进行混合，将温度提高至 80～88℃，搅拌速度为 740～750r/min，保持 35～45min；

(2) 然后将邻苯二甲酸二辛酯、GPE 型消泡剂、甲酮、丙烯酸酯共聚树脂乳液放入搅拌釜内进行混合，将温度降至 65～68℃，设定搅拌速度为 790～800r/min，搅拌时间为55～60min，调制水性涂料pH值为7～9，即可得到所述用于金属表面的耐高温的水性涂料。

原料介绍 钛白粉为提纯后钛白粉，钛白粉的提纯方法具体操作如下：

（1）先将有机溶剂用13X型分子筛脱水5～8d备用；

（2）将钛白粉、水以及催化剂和捕捉剂加入350mm的三口烧瓶中室温搅拌30～50min后静置3～4h，再用由循环水试真空泵、布氏漏斗和锥形瓶组成的抽滤装置滤去析出的杂质；

（3）将去除过杂质的钛白粉加入三口烧瓶中，开始加热慢慢升温至50～55℃，使有机溶剂挥发出来并收集，升温至90～95℃，抽滤40～50min，即可得到提纯后的钛白粉。

产品应用 本品主要应用于电器、冶金、石油、航空、化工、医药、食品等各行业中。

产品特性 本水性涂料不仅黏附性强，不易脱落，而且耐腐蚀性和耐高温性好，并且颜色多样，使用寿命长。本涂料长期使用不会发生起泡、龟裂、泛白甚至脱层等问题，增加金属的使用寿命，并且能在恶劣的环境下使用，使用范围广。

配方 79 用于金属表面防腐的水性涂料

原料配比

原料	配比（质量份）			
	1#	2#	3#	4#
水性丙烯酸树脂交联剂	10～30	10	30	20
磷酸锌	2～4	2	4	3
三聚磷酸铝	1～5	1	5	3
固化剂	10～20	10	20	15
增稠剂	0.1～0.4	0.1	0.4	0.25
分散剂	0.2～0.6	0.2	0.6	0.4
消泡剂	0.2～0.4	0.2	0.4	0.3

制备方法

（1）首先在预混罐中投入水，按照比例份数分别加入磷酸锌、三聚磷酸铝分散剂和其他助剂，搅拌均匀后再投入树脂或乳液料；

（2）根据比例份数可以加入部分防锈颜料增加防腐性，需要加入多种颜料时，按先投入难分解的颜料、后投入易分散的颜料的顺序进行；

（3）需要加入多种颜料时，按先投入密度小的、吸水量较大、颗粒较细的顺序进行，根据不同的颜色加入分散剂；

（4）在搅拌下投料，将粉料加到旋涡处，投料速度要和浆液混合情况一致，投料过快会引起结团和附壁，每加完一袋颜料之后，应把黏附在罐壁上和搅拌轴的粉体刮入浆液中，搅拌均匀，然后，再投下一袋，全部粉料投后，应用工艺水彻底清洗罐内壁，继续维持搅拌一段时间，令其很好地混合均匀，并让颜料、填料充分润湿后再去研磨分散。

产品应用 本品主要用于金属表面防腐。

产品特性

(1) 本产品的涂于金属物体表面能形成具有保护、防腐作用的特殊性能，能够防水、防油、耐化学品、耐光、耐温等。

(2) 本产品具有装饰功能，不同材质的物件涂上涂料，可得到五光十色、绚丽多彩的外观。

(3) 本产品具有防霉、杀菌、杀虫、防海洋生物黏附等生物化学方面的作用，以及耐高温、保温、示温和温度标记、防止延燃、烧蚀隔热等热能方面的作用。

(4) 本产品能够吸收反射光、发光、吸收和反射红外线、吸收太阳能、屏蔽射线、标志颜色等。

(5) 本产品具有防滑、自润滑、防碎裂飞溅等力学性能方面的作用，还有防噪声、减振、卫生消毒、防结露、防结冰等各种不同作用。

二、多功能水性工业涂料

配方 1　低碳水性涂料

原料配比

原料		配比（质量份）					
		1#	2#	3#	4#	5#	6#
基料	聚氨酯	50	—	—	—	—	—
	丙烯酸改性聚氨酯乳液（PUA）	—	—	55	—	—	60
	丙烯酸树脂	—	60	—	—	70	—
	丙烯酸改性聚氨酯乳液	—	—	—	40	—	—
颜料	聚苯胺和铝浆混合物	22	—	—	—	—	—
	聚苯胺、铝银浆和金属粉末的混合物	—	24	—	—	—	—
	聚苯胺、铝银浆和无铅颜料的混合物	—	—	—	28	25	—
	聚苯胺和铝银浆混合物	—	—	26	—	—	30
功能填料	滑石粉	12	—	—	—	—	—
	硫酸钡	—	12	—	—	—	—
	云母粉	—	—	16	—	—	—
	水合氢氧化镁	—	—	—	15	—	—
	水合氢氧化铝	—	—	—	—	16	—
	三氧化二锑	—	—	—	—	—	18
流变剂		0.3	0.5	0.5	0.6	0.6	0.7
润湿分散剂	聚乙烯醇	0.2	—	—	—	—	—
	聚乙烯吡咯烷酮	—	0.3	—	0.3	0.5	—
	聚丙烯酰胺	—	—	0.4	—	—	0.4
基材润湿剂		0.2	0.3	0.4	0.6	0.6	0.6
防沉剂		0.3	0.5	0.3	0.4	0.5	0.5
消泡剂		0.4	0.4	0.4	0.3	0.6	0.6
增稠剂		0.3	0.3	0.5	0.5	0.5	0.5
流平剂		0.2	0.4	0.5	0.5	0.4	0.5
阻燃剂	有机磷－氮系阻燃剂与有机硅系阻燃剂复合阻燃剂	2	4	4	5	4	5
固化剂	异氰酸酯类	6	18	—	—	18	19
	醇醚类溶剂	—	—	18	17	—	—
水		60	50	75	70	70	90
颜基比		0.44	0.6	0.47	0.7	0.35	0.5

制备方法

(1) 按顺序依次将上述配料量的水、30% ~40% 基料、颜料、功能填料、流变剂、润湿分散剂、基材润湿剂加到配料罐中，用搅拌机进行预分散，物料分散均匀后进行研磨，制得色浆；搅拌速度为1200r/min，搅拌20~40min。研磨设备为篮式砂磨机，研磨细度要达到25μm。

(2) 在研磨罐中补加剩余的60% ~70% 基料、增稠剂、防沉剂、消泡剂、流平剂、阻燃剂、固化剂，调整漆的黏度、喷涂性能及光泽，搅拌均匀后过滤、包装。

产品应用 本品主要是一种低碳水性涂料，用于喷涂橡胶制品。

产品特性

(1) 本产品结合橡胶涂层的特点，选取的基料与橡胶制品的柔性和弹性相当；不与橡胶底材发生反应；对橡胶表面的附着力要强；耐老化性能要强；常温下能快速固化，施工方便，不污染环境。本产品优选含羟基、环氧基及有机硅基团的丙烯酸改性聚氨酯乳液（PUA）作为橡胶涂料的基料，这是因为羟基、环氧基团在固化成膜过程中能与异氰酸酯反应，使得漆膜的交联密度大，柔韧性好，漆膜耐水性高；同时，在合成过程中，通过调节聚氨酯软硬单体比例来调整漆膜的弹性，使之适用橡胶等挠性底材的弹性变形；添加所述助剂有助于改善涂料的施工性和提高涂膜质量。

(2) 本产品所选用的固化剂中，亲水性异氰酸酯类固化剂含有异氰酸酯基团（—N═C═O），化学性质非常活泼，容易与基料树脂中的活泼氢发生反应，分子间交联密度大，漆膜致密，柔韧性好。

(3) 本产品选取的阻燃剂是将有机磷－氮系阻燃剂与有机硅系阻燃剂进行复配形成的复合阻燃体系，此种复合阻燃体系有利用不同阻燃剂之间的协同作用，达到良好的阻燃效果。

(4) 所述涂料的颜基比优选为0.6~0.7，颜基比（P/B）是影响水性涂料理化性能和力学性能的主要参数，P/B过高，没有足够的基料使颜填料粒子充分润湿，颜料粒子间隙中有空气存在，使涂膜出现孔隙，性能如耐水性能、附着力、成膜性等下降；P/B过低，则涂层不能很好地保护基体，耐水性能也下降，而且还会导致涂料的成本增加、遮盖力差。

(5) 本产品的低碳水性涂料具有干燥时间短、附着力强、弹性高、耐介质、耐弯曲、阻燃、耐高低温好、对基材无不良影响等优点，并且制备方法简单，成本低廉，是一种综合性能优异的绿色环保低碳阻燃水性涂料。

配方 2 防静电环保水性涂料

原料配比

原料	配比（质量份）				
	1#	2#	3#	4#	5#
水性环氧树脂	53	78	65	65	65
水性不饱和聚酯丙烯酸酯树脂	35	55	45	42	42
聚醚醚酮	18	35	26	26	25
碳酸锂	10	28	19	15	12
烯丙基磺酸钠	12	25	18	19	18

续表

原料	配比（质量份）				
	1#	2#	3#	4#	5#
乙酸锌	12	26	16	20	15
滑石粉	5	20	12	11	8
硅藻土	5	15	10	9	7
硫化锌	6	15	11	8	11
氧化铝粉	4	13	8	6	8
硫酸钡	6	15	11	8	11
过氧化锌	3	15	9	6	6
醇酯十二成膜助剂	2	—	—	7	—
乙醇成膜助剂	—	10	6	—	8
聚氨酯水性润湿剂	2	5	5	5	4
甲基硅油消泡剂	1	6	3	4	2
水	18	30	24	22	26

制备方法

（1）根据上述质量份称取碳酸锂、乙酸锌、滑石粉、硅藻土、硫化锌、氧化铝粉、硫酸钡和过氧化锌，然后进行预分散混合和研磨，过200目筛，得到混合料；

（2）将根据上述质量份称取的水性环氧树脂、水性不饱和聚酯丙烯酸酯树脂、聚醚醚酮、烯丙基磺酸钠、成膜助剂、润湿剂和消泡剂置于搅拌罐中，混合搅拌30min，然后将步骤（1）中的混合料加入搅拌罐中，以50～200r/min的速度继续搅拌2h；

（3）根据上述质量份称取水，并将水缓慢加入步骤（2）中，滴加速度为1～4g/min，滴加完毕即得所需的涂料。

产品应用 本品主要是一种防静电环保水性涂料。

产品特性 本产品不仅绿色环保，同时具有良好的抗静电性能、附着力、硬度以及耐化学稳定性，具备良好的应用前景。

配方3 防污水性涂料

原料配比

原料	配比（质量份）
丙烯酸酯乳液	90
无机增稠剂硅藻土	25
流平剂丁基纤维素	20
润湿剂 BD－3032	25
消泡剂聚二甲基硅氧烷	20
防污剂5－氯－4－［1－（3－氟苄基）－1－*H*－苯并咪唑－6－基］－*N*－［2－（5－甲基－4*H*－1,2,4－三唑－3－基）乙基］吡啶－2－胺	20
水	200
成膜剂十二醇酯	25

制备方法 称取丙烯酸酯乳液、无机增稠剂、流平剂、润湿剂、消泡剂、防污剂和水，在500r/min下充分搅拌混合20min，倒入锥形磨中进行研磨，过100目筛，然后加入成膜剂，在900r/min、温度55℃下搅拌30min，冷却至室温即得。

产品应用 本品主要是一种防污水性涂料。

产品特性 本产品具有较好的防污效果，在工业应用上具有广阔的前景。

配方 4 防紫外线耐寒水性涂料

原料配比

原料	配比（质量份）				
	1#	2#	3#	4#	5#
PVDC 胶乳	100	80	120	85	115
丙烯酸乳液	60	80	40	75	45
季戊四醇三丙烯酸酯	10	5	15	8	12
环氧树脂	6	8	4	7	5
氯磺化聚乙烯	3	2	4	2.5	3.5
六溴环十二烷	4	6	2	5	3
羟乙基纤维素	4	2	6	3	5
二氧化钛	6	8	4	7	5
氧化镁	4	2	6	3	5
高岭土	2.5	4	1	3	2
蛭石	4	2	6	3	5
膨润土	6	8	4	7	5
十二烷基硫醇	2	1	3	1.5	2.5
六偏磷酸钠	3	4	2	3.5	2.5
壬基酚聚氧乙烯醚	3.5	1	6	2	2
丙烯酰胺	6	8	4	7	2
过氧化二异丙苯	2.5	1	4	2	3
邻苯二甲酸二辛酯	4	6	2	5	3
丙二醇	3.5	2	5	3	4
增稠剂	6.5	9	4	8	5
防冻剂	3.5	1	6	2	5
氧化锌	5	6	4	5.5	4.5
水	25	15	35	20	30

制备方法

(1) 按配比将六偏磷酸钠、PVDC胶乳混合，搅拌均匀形成分散液，再加入季戊四醇三丙烯酸酯、环氧树脂、氯磺化聚乙烯、六溴环十二烷和分散剂，搅拌混合均匀后超声分散20~30min，球磨后冷却至室温得到物料a；球磨时间为1~3h，球磨温度为80~90℃。

（2）将二氧化钛、高岭土、蛭石和膨润土放入球磨机中进行球磨，然后加入水、氧化镁和氧化锌，继续搅拌8~16min，形成表面活化的混合粉料A；球磨转速为2800~3200r/min，球磨温度为85~105℃，球磨时间为40~80min。

（3）将羟乙基纤维素加热至熔融与丙烯酸乳液混合，然后缓慢加入混合粉料A中，以600~1000r/min的速度搅拌40~60min后移至高速搅拌机，加入物料a，以3700~3900r/min的速度分散20~50min，获得混合浆料。

（4）向混合浆料中缓慢地加入十二烷基硫醇、壬基酚聚氧乙烯醚、丙烯酰胺、过氧化二异丙苯、邻苯二甲酸二辛酯、丙二醇、增稠剂和防冻剂，以380~450r/min的速度搅拌35~45min，然后球磨分散2~3h，即得防紫外线耐寒水性涂料。

产品应用 本品主要是一种防紫外线耐寒水性涂料。

产品特性 本产品以PVDC胶乳为主料，辅助添加丙烯酸乳液、季戊四醇三丙烯酸酯、环氧树脂和氯磺化聚乙烯作为成膜物质，使本产品具有优异的耐臭氧性、耐大气老化性、耐化学腐蚀性等，较好的物理机械性能、耐老化性能、耐热及耐低温性、耐油性、耐燃性、耐磨性及耐电绝缘性；添加的六溴环十二烷、羟乙基纤维素、二氧化钛、氧化镁、高岭土、蛭石和膨润土作为填料，有效提高了水性涂料的耐磨性能和硬度，其中，添加的六溴环十二烷和二氧化钛对热和紫外线光稳定性好，有效提高了本产品的防紫外线能力；添加的十二烷基硫醇、六偏磷酸钠、壬基酚聚氧乙烯醚、丙烯酰胺、过氧化二异丙苯、邻苯二甲酸二辛酯、丙二醇、增稠剂、防冻剂、氧化锌和水，作为助剂，有效提高了本产品的耐寒性、硬度和防紫外线性能。

配方5 富含微胶囊结构改性锌粉的水性环氧富锌涂料

原料配比

原料		配比（质量份）			
		1#	2#	3#	4#
聚硅烷改性锌粉	聚硅烷	0.45	0.42	0.39	0.39
	异丙醇	450	420	390	390
主剂	环氧乳液	20.24	22.4	23.35	27.95
	膨润土	0.75	0.7	0.67	0.64
	气相法二氧化硅	0.82	0.8	0.77	0.74
	丙二醇苯醚	2.88	2.94	2.88	2.94
	水	5.23	5.07	4.98	2
	聚硅烷改性锌粉	59.50	56.2	53.15	52.69
固化剂	环氧树脂胺加成物（一）	5.08	5.54	6.22	7.26
	环氧树脂胺加成物（二）	2.05	2.3	2.65	3.03
	水	3.45	4.05	3.33	2.75

制备方法

(1) 将环氧乳液、水、主剂、助剂按比例预混，在搅拌状态下加入聚硅烷改性锌粉于上述混合物中；

(2) 在不低于1500r/min的转速下，高速分散混合物30min以上，至细度不高于40μm，得主剂；

(3) 将环氧树脂胺加成物一与环氧树脂胺加成物二按比例混合均匀，用水稀释得固化剂；

(4) 按比例混合主剂与固化剂，得到水性环氧富锌涂料。

产品应用　本品主要是一种富含微胶囊结构改性锌粉的水性环氧富锌涂料。

产品特性　本产品中，聚硅烷改性锌粉、环氧乳液、水、主剂助剂、环氧树脂胺加成物一和环氧树脂胺加成物二比例科学合理，通过本产品制备得到的水性环氧富锌涂料可在室温状态下稳定存在6个月以上，其VOC含量低于200g/L，既具有良好的低温固化性能又具有很好的防腐蚀性能。

配方6　高分子水性聚氨酯涂料

原料配比

原料	配比（质量份）
魔芋葡甘聚糖	0.1
抗坏血酸	0.1
四氯化钛	10
六水三氯化铁	0.3
28%的过氧化氢溶液	30
聚ε-己内酯二醇	600
异佛尔酮二异氰酸酯	470
丙酮	20
二羟甲基丙酸	13
二甘醇	4
辛酸亚锡	0.1
三乙胺	5
聚醚二元醇	1
聚丙烯酸钠	1.4
全氟丁基磺酸钾	0.4
十八烷基异氰酸酯	0.07
钛白粉	2
N-水杨酰苯胺	0.2

制备方法

（1）将上述聚丙烯酸钠加到其质量20~34倍的水中，搅拌均匀，加入上述魔芋葡甘聚糖，升高温度为70~80℃，保温搅拌7~11min，冷却至常温，得高分子溶液；

（2）将上述四氯化钛加到其质量80~100倍的水中，加入高分子溶液，100~200r/min搅拌18~20min，降低温度为3~5℃，加入六水三氯化铁，搅拌条件下滴加浓度为5%~6%的氨水溶液，调节pH值为8~8.6，静置30~40min，抽滤，将滤饼水洗3~4次，常温干燥，得掺杂沉淀；

（3）将上述全氟丁基磺酸钾加到其质量28~30倍的水中，搅拌均匀，加入钛白粉，磁力搅拌1~2min，加入上述*N*-水杨酰苯胺，升高温度为70~86℃，保温搅拌30~40min，得钛白粉分散液；

（4）将上述掺杂沉淀加到其质量100~120倍的水中，超声分散3~5min，加入上述28%~30%的过氧化氢溶液，磁力搅拌30~40min，送入沸水浴中，恒温加热3~5h，出料，与上述钛白粉分散液，搅拌至常温，得掺杂钛溶胶；

（5）取上述异佛尔酮二异氰酸酯质量的3%~5%，加到聚醚二元醇中，送入80~90℃的水浴中，保温搅拌10~17min，出料，与上述十八烷基异氰酸酯混合，搅拌至常温，得改性单体；

（6）将上述聚ε-己内酯二醇在100~110℃下真空脱水10~15min，冷却至30~40℃，通入氮气，加入剩余的异佛尔酮二异氰酸酯，升高温度为80~90℃，恒温搅拌1.6~2h，加入改性单体，（上述丙酮质量的20%~30%），降低温度为30~40℃，加入上述掺杂钛溶胶、二羟甲基丙酸，升高温度为76~80℃，保温反应40~50min，降低温度为40~50℃，依次加入剩余的丙酮、二甘醇、辛酸亚锡，缓慢升高温度为70~75℃，保温反应5~6h，冷却至常温，倒入乳化桶中，加入剩余各原料，搅拌均匀，加入体系质量30%~40%的水，1200~1700r/min搅拌16~20min，得高分子水性聚氨酯涂料。

产品应用 本品主要是一种高分子水性聚氨酯涂料。

使用方法为：将需要涂覆的基材加到本产品的钛掺杂水洗聚氨酯涂料中，浸润10~20min，取出后置于常温下通风4~5d，再在46~50℃下干燥6~10h，即可。

产品特性

（1）本产品的涂膜具有很好的拉伸强度：高力学稳定性的粒子成为固定位点，限制了基体分子链的运动，从而提高拉伸强度，纳米粒子在基体中分散均匀，材料受到外力拉伸时形成受力中心，能够引发更多的银纹，消耗大量的能量，起到了补强的作用，因此将纳米二氧化钛加入有机聚合物中可以提高有机基底的力学性能，提高涂膜的拉伸强度。

（2）本产品的涂膜具有很好的紫外线吸收能力及自清洁性能：Fe^{3+}掺杂纳米二氧化钛溶胶在可见光下具有最强的光催化性能，能够明显提高涂膜的抗紫外线性能；同时可以利用其光催化降解能力将表面附着的污染物降解去除，因此也具有很好的自清洁性能。

（3）本产品的涂料加入了聚丙烯酸钠等高分子材料，有效地提高了纳米分子在聚合物间的分散性，提高了成品涂膜的稳定性。

配方 7 高耐磨高柔韧性橡胶手感水性 UV 涂料

原料配比

<table>
<tr><th colspan="3" rowspan="2">原料</th><th colspan="8">配比（质量份）</th></tr>
<tr><th>1#</th><th>2#</th><th>3#</th><th>4#</th><th>5#</th><th>6#</th><th>7#</th><th>8#</th></tr>
<tr><td colspan="3">有机硅改性水性聚氨酯树脂</td><td>22.5</td><td>20</td><td>25</td><td>23</td><td>22</td><td>23</td><td>24</td><td>24</td></tr>
<tr><td colspan="3">功能单体</td><td>25</td><td>20</td><td>30</td><td>28</td><td>23</td><td>21</td><td>28</td><td>20</td></tr>
<tr><td colspan="3">光引发剂</td><td>5</td><td>4</td><td>6</td><td>5.5</td><td>4.5</td><td>4.4</td><td>5.6</td><td>5</td></tr>
<tr><td colspan="3">消光粉</td><td>3.5</td><td>2</td><td>5</td><td>4</td><td>2.5</td><td>3.6</td><td>4.2</td><td>2</td></tr>
<tr><td>流平剂</td><td colspan="2">丙烯酸酯</td><td>1.5</td><td>1</td><td>2</td><td>1.8</td><td>1.2</td><td>1.7</td><td>1.3</td><td>1.6</td></tr>
<tr><td colspan="3">抗磨助剂</td><td>3.5</td><td>2</td><td>5</td><td>4</td><td>2.6</td><td>3.3</td><td>2.9</td><td>3</td></tr>
<tr><td colspan="3">环氧改性聚硅氧烷</td><td>5</td><td>—</td><td>10</td><td>8</td><td>3.5</td><td>6</td><td>8.7</td><td>9</td></tr>
<tr><td colspan="3">溶剂</td><td>35</td><td>30</td><td>10</td><td>38</td><td>33</td><td>37</td><td>34</td><td>35</td></tr>
<tr><td rowspan="4">有机硅改性水性聚氨酯树脂</td><td rowspan="3">有机硅单体</td><td>三乙氧基硅烷</td><td>20</td><td>20</td><td>—</td><td>50</td><td>30</td><td>50</td><td>70</td><td>20</td></tr>
<tr><td>环氧改性聚硅氧烷</td><td>40</td><td>80</td><td>40</td><td>—</td><td>30</td><td>30</td><td>10</td><td>40</td></tr>
<tr><td>γ-（2,3-环氧丙氧）丙基三甲氧基硅烷</td><td>40</td><td>—</td><td>60</td><td>50</td><td>40</td><td>20</td><td>20</td><td>40</td></tr>
<tr><td colspan="2">有机硅单体占水性聚氨酯预聚体质量</td><td>4</td><td>3</td><td>5</td><td>4.5</td><td>6</td><td>4</td><td>3</td><td>4</td></tr>
<tr><td rowspan="3">功能单体</td><td colspan="2">EOEOEA</td><td>1</td><td>1</td><td>—</td><td>1</td><td>1</td><td>4</td><td>1</td><td>2</td></tr>
<tr><td colspan="2">P03-TMPTA</td><td>2</td><td>1</td><td>1</td><td></td><td>2</td><td>5</td><td>5</td><td>3</td></tr>
<tr><td colspan="2">E03-TMPTA</td><td>1</td><td>—</td><td>1</td><td>5</td><td>3</td><td>2</td><td>2</td><td>1</td></tr>
<tr><td rowspan="3">光引发剂</td><td colspan="2">TPO</td><td>2</td><td>1</td><td>—</td><td>3</td><td>1</td><td>1</td><td>3</td><td>2</td></tr>
<tr><td colspan="2">ITX</td><td>3</td><td>1</td><td>2</td><td>—</td><td>1</td><td>3</td><td>5</td><td>3</td></tr>
<tr><td colspan="2">907</td><td>5</td><td>—</td><td>3</td><td>5</td><td>1</td><td>1</td><td>—</td><td>1</td></tr>
<tr><td rowspan="2">抗磨助剂</td><td colspan="2">聚乙烯微粉</td><td>1</td><td>—</td><td>1</td><td>1</td><td>2</td><td>1</td><td>—</td><td>1</td></tr>
<tr><td colspan="2">芥酸酰胺</td><td>1</td><td>1</td><td></td><td>1</td><td>1</td><td>2</td><td>1</td><td>3</td></tr>
</table>

制备方法

（1）按质量份将有机硅改性水性聚氨酯树脂、功能单体、光引发剂、溶剂以 1500～1700r/min 的转速搅拌 5～10min，搅拌成均匀液体混合物；

（2）将均匀液体混合物以 500～700r/min 的转速搅拌并加入消光粉和抗磨助剂，加入完成后，以 1500～1700r/min 的转速搅拌 20～30min；

（3）往混合物加入流平剂，以 500～700r/min 搅拌混合物 5～10min，用 400 目纱过滤，得到所述的一种高耐磨高柔韧性橡胶手感水性 UV 涂料。

原料介绍 所述有机硅改性水性聚氨酯树脂由水性聚氨酯预聚体支链引入有机硅单体制备而成，所述有机硅单体为三乙氧基硅烷、环氧改性聚硅氧烷、γ-（2,3-环氧丙氧）丙基三甲氧基硅烷中的至少两种，优选地，所述有机硅单体由20%三乙氧基硅烷、40%环氧改性聚硅氧烷、40%γ-（2,3-环氧丙氧）丙基三甲氧基硅烷组成。

所述功能单体为EOEOEA、P03-TMPTA、E03-TMPTA中的至少两种，优选地，所述功能单体由EOEOEA、P03-TMPTA、E03-TMPTA按质量比1∶2∶1的比例混合组成。

所述光引发剂为光引发剂TPO、ITX、907中的至少两种，优选地，所述光引发剂由光引发剂TPO、ITX、907按质量比2∶3∶5的比例混合组成。

所述流平剂为丙烯酸酯流平剂，增强配方体系的流平性能。

所述抗磨助剂为聚乙烯微粉、芥酸酰胺中的至少一种，优选地，所述抗磨助剂由聚乙烯微粉、芥酸酰胺按质量比1∶1的比例混合组成。

所述溶剂为水与丙醇的混合溶液，优选地，所述溶剂由水与丙醇按质量比3∶1的比例混合组成。

产品应用 本品主要是一种高耐磨高柔韧性橡胶手感水性UV涂料。

使用方法：将所述涂料喷涂于底材上，流平2~3min，利用40~60℃热风烘干涂层5~10min，最后置于紫外灯固化成膜。

产品特性

（1）本产品环保无毒，无论是生产还是使用过程，基本无有毒物质挥发，基本对人体无损害作用。有机硅改性水性聚氨酯树脂作为预聚物主体，决定了涂膜极好的耐高低温性能、化学稳定性、憎水防水性和生理相容性等，弥补了水性聚氨酯树脂自身硬度不高、耐水性差等缺点；功能单体能够起到稀释的作用，削弱混合制备过程中有机硅改性水性聚氨酯树脂的憎水作用，保证稳定溶液体系的形成；而消光粉、流平剂、抗磨助剂的加入，能够增强涂膜的哑光、平整、耐磨等效果。

（2）本涂料还具有一定的耐水性、弹性、抗冲击性等性能。

（3）本品有效降低光固化时间，保证涂层的各种优异性能，涂层硬度高达4H。

配方8 高强度耐磨阻燃水性涂料

原料配比

原料	配比（质量份）				
	1#	2#	3#	4#	5#
羟基丙烯酸乳液	100	80	120	85	115
环氧改性树脂	75	90	60	85	65
水性聚氨酯乳液	50	40	60	45	55
硅丙乳液	40	60	20	50	30
苯丙乳液	10	5	15	8	12
钛白粉	5	8	2	7	3
石英粉	3.5	1	6	2	5
聚丙烯纤维	3.5	5	2	4	3
乙酸丁酸纤维素	5.5	3	8	4	7

续表

原料	配比（质量份）				
	1#	2#	3#	4#	5#
硅微粉	3	5	1	4	2
氧化锌	4.5	3	6	4	5
碳纳米管	3.5	6	1	5	2
石墨	3.5	2	5	3	4
重质碳酸钙	5	6	4	5.5	4.5
滑石粉	5	2	8	3	7
润湿剂	3.5	6	1	5	2
增稠剂	6	3	9	4	8
分散剂	2.5	4	1	3	2
阻燃剂	3.5	2	5	3	4
消泡剂	2	3	1	2.5	1.5
二乙二醇甲醚	3	2	4	2.5	3.5
二丙二醇甲醚	4	5	3	4.5	3.5
丙二醇苯醚	5	4	6	4.5	5.5
水	20	15	25	18	22

制备方法

（1）将聚丙烯纤维与羟基丙烯酸乳液混合，搅拌均匀形成分散液，再加入环氧改性树脂和分散剂，搅拌混合均匀后超声分散20~30min，球磨后冷却至室温得到物料a。球磨时间为60~90min，球磨温度为40~45℃。

（2）将钛白粉、石英粉、碳纳米管、重质碳酸钙和硅微粉放入球磨机中进行球磨，然后加入氧化锌、石墨和滑石粉，继续搅拌8~16min，形成表面活化的混合粉料A。球磨转速为2400~2800r/min，球磨温度为80~90℃，球磨时间为30~50min。

（3）将聚丙烯纤维和乙酸丁酸纤维素加热至熔融与苯丙乳液、硅丙乳液混合，然后缓慢加入混合粉料A中，以800r/min的速度搅拌40~60min后移至高速搅拌机，加入物料a，以3700~3900r/min的速度分散20~50min，获得混合浆料。

（4）向混合浆料中缓慢地加入剩余各原料，以380~450r/min的速度搅拌35~45min，然后球磨分散2~3h，即得高强度耐磨阻燃水性涂料。

产品应用 本品主要是一种高强度耐磨阻燃水性涂料。

产品特性 本产品具有良好的阻燃性和耐磨性，在原料良好的柔感性能和环保性能的基础上又具有优异的热稳定性及与被涂层物之间的黏结性，综合性能优异，耐用性好，应用前景广阔。

配方 9　高韧性环保水性涂料

原料配比

原料	配比（质量份）				
	1#	2#	3#	4#	5#
改性环氧树脂乳液	80	100	85	95	90
水	15	10	13	11	12
三丙二醇单丁醚	2	4	2.5	3.5	3
活性炭	14	10	13	11	12
高岭土	8	12	9	11	10
负离子粉	15	10	14	12	13
润湿剂 BYK－346	0.1	0.3	0.15	0.25	0.2
十二烷基硫酸钠	3	2	2.8	2.2	2.5
聚丙烯酰胺	0.1	0.2	0.13	0.17	0.15
聚丙烯酸	0.2	0.1	0.17	0.13	0.15
三丁基酚聚氧乙烯醚	0.2	0.4	0.25	0.35	0.3
聚氧丙烯聚氧乙烯甘油醚	0.1	0.08	0.095	0.085	0.09
乙二醇硅烷	0.05	0.07	0.055	0.065	0.06
桉叶油	0.07	0.05	0.065	0.055	0.06
甲基异噻唑啉酮	0.02	0.04	0.025	0.035	0.03
流平剂	0.3	0.1	0.25	0.15	0.2

制备方法　将水、改性环氧树脂乳液混合，以400r/min的速度搅拌15min，加入三丙二醇单丁醚继续搅拌8min，加入润湿剂BYK－346、十二烷基硫酸钠、三丁基酚聚氧乙烯醚、聚氧丙烯聚氧乙烯甘油醚、乙二醇硅烷、桉叶油、甲基异噻唑啉酮以500r/min的速度搅拌10min，加入活性炭、高岭土、负离子粉，以1000r/min的速度搅拌20min，加入流平剂，以600r/min的速度搅拌6min，加入聚丙烯酰胺、聚丙烯酸继续搅拌12min得到高韧性环保水性涂料。

原料介绍　所述改性环氧树脂乳液的制备方法为：将纳米硅藻土加入水中超声分散，过滤，升温，真空干燥，加入丙酮中混匀，通入氮气，滴加2,4－甲苯二异氰酸酯，升温，回流，离心，洗涤，干燥得到物料A；取真空干燥后的环氧树脂，通入氮气，加入物料A，搅拌得到物料B；取真空干燥后的聚乙二醇，通入氮气，加入2,4－甲苯二异氰酸酯的*N*－甲基吡咯烷酮溶液，升温，保温搅拌，加入二羟甲基丙酸的*N*－甲基吡咯烷酮溶液，继续搅拌，加入物料B，加入二甲基环己胺，继续搅拌，加入1,6－己二醇，继续搅拌，加入丙酮混匀，降温，加入三乙胺调节pH，搅拌，加入水，搅拌，加入4,4′－二氨基－3,3′－二氯二苯甲烷，继续搅拌，减压蒸出丙酮得到改性环氧树脂乳液。纳米硅藻土、2,4－甲苯二异氰酸酯的质量比为（4～5）:（6～7）。物料A、环氧树脂的质量比为（1～2）：（50～90）。

所述改性环氧树脂乳液的制备方法中，聚乙二醇为聚乙二醇800。

所述改性环氧树脂乳液的制备方法中，2,4－甲苯二异氰酸酯的N－甲基吡咯烷酮溶液的质量分数为35%～55%。

所述改性环氧树脂乳液的制备方法中，二羟甲基丙酸的N－甲基吡咯烷酮溶液的质量分数为12%～18%。

产品应用 本品主要是一种高韧性环保水性涂料。

产品特性 本产品用水在纳米硅藻土表面形成硅羟基，并与2,4－甲苯二异氰酸酯中一端的异氰酸基团反应，在纳米硅藻土表面接枝上2,4－甲苯二异氰酸酯得到物料A，物料A中剩余的异氰酸基团与环氧树脂中的部分羟基反应，从而将纳米硅藻土、2,4－甲苯二异氰酸酯、环氧树脂接枝在一起得到物料B，避免了纳米硅藻土的团聚，纳米硅藻土表面活性非常大，与环氧树脂接枝，可以大大增加环氧树脂的抗冲击性、抗撕裂性、柔韧性等力学性能，并具有吸附作用，可以吸附有害气体，保护环境，从而大大增加了本产品的抗裂作用和环保作用；将物料B加入聚氨酯的合成过程中，物料B中环氧树脂上剩余的羟基可以与聚氨酯两端的异氰酸基团反应，从而将聚氨酯穿插进环氧树脂中，形成相互穿插连接的复杂网络结构，大大增加了本产品的韧性、抗冲击性、抗撕裂性能；物料B中的氰酸基与穿插在环氧树脂中的聚氨酯上的氰酸基可以相互化学键合，进一步增加本产品的韧性、抗冲击性、抗撕裂性能。活性炭、高岭土、负离子粉与改性环氧树脂乳液中的纳米硅藻土相互配合，大大增加了本产品吸附、分解有害气体的作用，保护环境；润湿剂BYK－346、十二烷基硫酸钠、三丁基酚聚氧乙烯醚、聚氧丙烯聚氧乙烯甘油醚、乙二醇硅烷、流平剂相互作用，可以促进活性炭、高岭土、负离子粉和改性环氧树脂乳液均匀分散，增加本产品的稳定性和力学性能；桉叶油、甲基异噻唑啉酮可以增加本产品防腐杀菌防霉性；三丙二醇单丁醚为成膜助剂，增加本产品的成膜性；聚丙烯酰胺、聚丙烯酸为增稠剂，上述各物质相互配合，可以增加本产品的韧性、抗冲击性、稳定性、吸附性以及净化空气的作用。

配方10 高温可瓷化阻燃水性醇酸树脂涂料

原料配比

原料		配比（质量份）			
		1#	2#	3#	4#
水性醇酸树脂	固含量为70%水性有机硅改性醇酸树脂	320	—	260	—
	固含量为75%水性丙烯酸改性醇酸树脂	—	310	—	—
	固含量为65%水性丙烯酸改性醇酸树脂	—	—	—	390
助溶剂	丁基溶纤剂	23	—	—	—
	仲丁醇	—	18	—	—
	丁醇	—	—	15	40
水		325	300	330	250

续表

原料		配比（质量份）			
		1#	2#	3#	4#
着色颜料	氧化铁红	55	—	—	60
	钛白粉	—	35	—	—
	炭黑	—	—	20	—
可瓷化填料	云母	125	180	180	90
	硅灰石	85	70	137	—
	膨润土	—	—	—	40
助熔剂	低熔玻璃粉	53	20	—	—
	硼酸锌	—	50	35	65
	氧化锌	—	—	15	35
分散剂		5	6	3	8
催干剂	HLD061 钴水性催干剂	9	—	5	—
	HLD064 锰催干剂	—	11	—	22

制备方法

（1）将水性醇酸树脂、助溶剂和水混合，搅拌下，用适量三乙胺调整 pH 值为 7～9；

（2）向步骤（1）所得物料中加入颜料、可瓷化填料、助熔剂、分散剂和水性催干剂，高速搅拌分散均匀；

（3）将步骤（2）得到的物料研磨至细度≤20μm，检测 pH 值，调节 pH 值为 7～9，过滤，即得高温可瓷化阻燃水性醇酸树脂涂料。

产品应用 本品主要是一种高温可瓷化阻燃水性醇酸树脂涂料。

产品特性

（1）本产品使用后，当漆膜遇明火或高温时，树脂基体首先分解成无定形碳层，随着温度升高到助熔剂的软化点时，助熔剂开始熔融，所形成的液相分散在炭层和成瓷填料的界面之间，起到桥联作用，相互黏结形成整体，并在高温下成瓷填料的边缘和助熔剂发生共晶反应形成共晶相，最后形成了形状稳定、具有自支撑性的连续致密的坚硬陶瓷体，从而阻止了火焰向材料内部蔓延，起到防火作用。与其他现有的防火涂料相比，本产品的高温可瓷化阻燃水性醇酸树脂涂料具有如下优势：所用溶剂为水，大大地降低了 VOC 的含量；为单组分，施工方便；施工后，所用工具易于用水清洗。

（2）本产品具有良好的耐冲击性、耐水性、耐盐雾性和稳定性，灼烧后形成坚硬的陶瓷膜，具有优良的阻燃性能。本涂料使用后形成的涂膜在常温下保留了水性醇酸树脂涂料的优点，同时遇高温燃烧时可形成坚硬的陶瓷保护层，起到隔绝火焰和防火的作用，是一种综合性能优异的涂料。

配方 11 含金属元素的高强度水性涂料

原料配比

原料		配比（质量份）		
		1#	2#	3#
A 组分	环氧改性有机硅树脂	75	78	76
	双酚 A 环氧树脂	60	63	62
	铁粉	5	7	6
	云母粉	5	8	7
	三氧化二锑	12	14	13
	活性剂氧化镁	11	13	12
	玻璃纤维	17	19	18
	六偏磷酸钠	12	14	13
	碳酸钙	12	18	15
	铝粉	12	15	13
	水	40	50	45
	二氧化钛	13	16	15
B 组分	环氧改性有机硅树脂	50	60	58
	十二烷基三甲基溴化铵	8	12	10
	金红石型钛白粉	10	12	11
	水	50	65	60
	镍粉	10	12	11
	硬脂酸钙	14	18	15
	促进剂 TMTD	11	13	12
	三亚乙基四胺	23	25	24
	氟橡胶	12	14	13
	锌粉	15	18	16
	助剂	15	20	18
助剂	锆英石	8	10	9
	水	50	55	52
	滑石粉	10	15	14
	高岭土	14	16	15
	镍粉	5	7	6
	聚乙二醇	7	9	8
	抗氧剂 264	4	8	5

制备方法

（1）将环氧改性有机硅树脂、双酚A环氧树脂、铁粉、云母粉、三氧化二锑、活性剂氧化镁先放入第一搅拌釜内进行混合，控制搅拌釜中的温度在65～68℃，设定搅拌速度420～430r/min，搅拌时间30～35min，然后依次放入玻璃纤维、六偏磷酸钠、碳酸钙、铝粉、水、二氧化钛进行混合，搅拌速度为750～800r/min，保持35～45min，然后空冷至室温，制成A组分并待用；

（2）然后将环氧改性有机硅树脂、十二烷基三甲基溴化铵、金红石型钛白粉、水、镍粉依次放入第二搅拌釜内进行混合，第二搅拌釜的内温度为60～65℃，设定搅拌速度为820～850r/min，搅拌时间为55～60min，然后继续放入硬脂酸钙、促进剂TMTD、三亚乙基四胺、氟橡胶、锌粉、助剂，搅拌60～90min，最后空冷至室温，制成B组分并待用；

（3）然后将第一搅拌釜内的A组分与第二搅拌釜内的B组分按2∶3比例进行混合，搅拌速度为950～960r/min，搅拌时间为1～3h，控制搅拌釜中的温度在75～80℃，然后空冷至室温，得到半成品；

（4）最后将步骤（3）中的半成品调制pH值为7～8，然后包装即可得到所述耐磨高强度的水性涂料。

原料介绍 所述助剂为用以下方法制备的产物：将锆英石、滑石粉、高岭土、镍粉、聚乙二醇、抗氧剂264混合送入球磨机中粉碎，过40目筛，得到粉末颗粒A，将粉末颗粒A、水按1∶2的比例搅拌混合，搅拌20～30min，然后加热至710～720℃下煅烧1～3h后，空冷至室温，然后粉碎，过100目筛，即可得到助剂。

产品应用 本品主要是一种含金属元素的高强度水性涂料。

产品特性 本含金属元素的高强度水性涂料不仅强度高，耐高温和耐摩擦性能强，加入了铁粉、镍粉、锌粉等金属成分，大大提高了水性涂料的强度和耐腐蚀性能，而且黏附性好，不易脱落。本品颜色多样，使用寿命长，毒性小，表面张力小，表面活性高，成本低；能保持长时间的不起泡、不褪色、不长霉斑、不脱落；对各种材质均有良好的附着性能，表面平整，外观靓丽。

配方12 环保水性聚氨酯涂料

原料配比

原料	配比（质量份）
斯潘80	1
琥珀酸二甲酯	2
四氯化钛	10
六水三氯化铁	0.3
28%的过氧化氢溶液	30
聚ε-己内酯二醇	600
异佛尔酮二异氰酸酯	470
丙酮	20

续表

原料	配比（质量份）
二羟甲基丙酸	13
二甘醇	4
辛酸亚锡	0.1
三乙胺	5
羟乙基纤维素	2
β-羟烷基酰胺	0.6
双乙酸钠	1
聚酰胺蜡微粉	3
二甲基咪唑	0.5
烯丙基聚乙二醇	2

制备方法

（1）将上述羟乙基纤维素加到其质量100~110倍的水中，在70~80℃下保温搅拌10~20min，冷却至常温，加入双乙酸钠、四氯化钛，在3~5℃下搅拌混合20~30min，加入六水三氯化铁，搅拌条件下滴加浓度为5%~6%的氨水溶液，调节pH值为8~8.6，静置30~40min，抽滤，将滤饼水洗3~4次，常温干燥，得掺杂沉淀；

（2）将上述掺杂沉淀加到其质量100~120倍的水中，超声分散3~5min，加入上述28%~30%的过氧化氢溶液，磁力搅拌30~40min，送入沸水浴中，恒温加热3~5h，得掺杂钛溶胶；

（3）将上述二甲基咪唑加入烯丙基聚乙二醇中，搅拌均匀，加入聚酰胺蜡微粉，送入80~90℃的水浴中，保温搅拌10~17min，出料，加入琥珀酸二甲酯，搅拌至常温，得预混酯液；

（4）将上述聚ε-己内酯二醇在100~110℃下真空脱水10~15min，冷却至30~40℃，通入氮气，加入上述异佛尔酮二异氰酸酯，升高温度为80~90℃，恒温搅拌1.6~2h，加入上述丙酮质量的20%~30%，降低温度为30~40℃，加入上述掺杂钛溶胶、二羟甲基丙酸，升高温度为76~80℃，保温反应40~50min，得预聚体；

（5）将上述预聚体冷却至常温，加入斯潘80，100~200r/min搅拌3~5min，得预聚体乳液；

（6）将上述预混酯液、预聚体乳液混合，加入β-羟烷基酰胺，升高温度为40~50℃，保温搅拌7~10min，依次加入剩余的丙酮、二甘醇、辛酸亚锡，缓慢升高温度为70~75℃，保温反应5~6h，冷却至常温，倒入乳化桶中，加入剩余各原料，搅拌均匀，加入体系质量30%~40%的水，1200~1700r/min搅拌16~20min，得环保水性聚氨酯涂料。

产品应用 本品主要是一种环保水性聚氨酯涂料。

使用方法：将需要涂覆的基材加到本产品的钛掺杂水洗聚氨酯涂料中，浸润10~20min，取出后置于常温下通风4~5天，再在46~50℃下干燥6~10h，即可。

产品特性

（1）本产品的涂膜具有很好的拉伸强度。

（2）本产品的涂膜具有很好的紫外线吸收能力及自清洁性能。

（3）本产品的涂料环保性好，无有毒有害物质挥发，安全性好。

配方 13 环保型水性涂料(一)

原料配比

<table>
<tr><th colspan="3" rowspan="2">原料</th><th colspan="5">配比（质量份）</th></tr>
<tr><th>1#</th><th>2#</th><th>3#</th><th>4#</th><th>5#</th></tr>
<tr><td colspan="3">水溶性环氧树脂乳液</td><td>120</td><td>100</td><td>105</td><td>115</td><td>110</td></tr>
<tr><td colspan="3">水</td><td>10</td><td>20</td><td>18</td><td>12</td><td>15</td></tr>
<tr><td colspan="3">二丙二醇正丁醚</td><td>7</td><td>6</td><td>6.3</td><td>6.7</td><td>6.5</td></tr>
<tr><td colspan="3">复合填料</td><td>25</td><td>35</td><td>32</td><td>28</td><td>30</td></tr>
<tr><td colspan="3">BYK－346</td><td>0.3</td><td>0.1</td><td>0.15</td><td>0.25</td><td>0.2</td></tr>
<tr><td colspan="3">甲基戊醇</td><td>1</td><td>2</td><td>1.8</td><td>1.2</td><td>1.5</td></tr>
<tr><td colspan="3">硬脂酸镁</td><td>3</td><td>1</td><td>1.5</td><td>2.5</td><td>2</td></tr>
<tr><td colspan="3">聚乙烯醇</td><td>0.3</td><td>0.4</td><td>0.38</td><td>0.32</td><td>0.35</td></tr>
<tr><td colspan="3">聚丙烯酰胺</td><td>0.2</td><td>0.1</td><td>0.13</td><td>0.17</td><td>0.15</td></tr>
<tr><td colspan="3">乳化剂 6100</td><td>0.2</td><td>0.4</td><td>0.35</td><td>0.25</td><td>0.3</td></tr>
<tr><td colspan="3">有机硅类高效消泡剂 Tego901W</td><td>0.2</td><td>0.1</td><td>0.13</td><td>0.17</td><td>0.15</td></tr>
<tr><td colspan="3">聚二甲基硅氧烷</td><td>0.05</td><td>0.07</td><td>0.065</td><td>0.055</td><td>0.06</td></tr>
<tr><td colspan="3">丙二醇</td><td>0.2</td><td>0.1</td><td>0.14</td><td>0.16</td><td>0.15</td></tr>
<tr><td colspan="3">防腐剂 DL702</td><td>0.01</td><td>0.03</td><td>0.025</td><td>0.015</td><td>0.02</td></tr>
<tr><td colspan="3">桉叶油</td><td>0.02</td><td>0.01</td><td>0.013</td><td>0.017</td><td>0.015</td></tr>
<tr><td colspan="3">苯并异噻唑啉酮</td><td>0.02</td><td>0.04</td><td>0.035</td><td>0.025</td><td>0.03</td></tr>
<tr><td colspan="3">流平剂</td><td>0.5</td><td>0.4</td><td>0.42</td><td>0.48</td><td>0.45</td></tr>
<tr><td rowspan="4">复合填料</td><td colspan="2">改性凹凸棒土（300 目）</td><td>1.5</td><td>2.5</td><td>2.3</td><td>1.7</td><td>2</td></tr>
<tr><td colspan="2">硅藻土（500 目）</td><td>1.2</td><td>1.1</td><td>1.12</td><td>1.18</td><td>1.15</td></tr>
<tr><td colspan="2">活性炭（300 目）</td><td>1.2</td><td>1.3</td><td>1.27</td><td>1.23</td><td>1.25</td></tr>
<tr><td colspan="2">高岭土（500 目）</td><td>1.8</td><td>1.6</td><td>1.65</td><td>1.75</td><td>1.7</td></tr>
<tr><td rowspan="9">改性凹凸棒土</td><td rowspan="3">溶液 A</td><td>二氧化硅</td><td>20</td><td>10</td><td>13</td><td>17</td><td>15</td></tr>
<tr><td>γ－氨丙基三乙氧基硅烷</td><td>2</td><td>4</td><td>3.5</td><td>2.5</td><td>3</td></tr>
<tr><td>乙醇</td><td>20</td><td>10</td><td>12</td><td>18</td><td>15</td></tr>
<tr><td rowspan="3">溶液 B</td><td>乙醇</td><td>240</td><td>220</td><td>225</td><td>235</td><td>230</td></tr>
<tr><td>钛酸丁酯</td><td>180</td><td>200</td><td>195</td><td>185</td><td>190</td></tr>
<tr><td>盐酸水溶液</td><td>580</td><td>500</td><td>520</td><td>560</td><td>540</td></tr>
<tr><td colspan="2">凹凸棒土</td><td>60</td><td>70</td><td>67</td><td>63</td><td>65</td></tr>
<tr><td colspan="2">溶液 A</td><td>6</td><td>5</td><td>5.2</td><td>5.8</td><td>5.5</td></tr>
<tr><td colspan="2">溶液 B</td><td>10</td><td>12</td><td>11.5</td><td>10.5</td><td>11</td></tr>
</table>

制备方法 将水、水溶性环氧树脂乳液混合，以600r/min的速度搅拌7min，加入二丙二醇正丁醚继续搅拌6min，加入BYK－346、甲基戊醇、硬脂酸镁、乳化剂6100、有机硅类高效消泡剂Tego901W、聚二甲基硅氧烷、丙二醇、防腐剂DL702、桉叶油、苯并异噻唑啉酮以800r/min的速度搅拌10min，加入复合填料，以1000r/min的速度搅拌25min，加入流平剂，以600r/min的速度搅拌6min，加入聚乙烯醇、聚丙烯酰胺继续搅拌15min得到环保水性涂料。

原料介绍 所述改性凹凸棒土、硅藻土、活性炭、高岭土均为300～500目。

所述改性凹凸棒土的制备方法为：取pH＝8～10的二氧化硅水溶胶，升温至60～70℃，滴加γ－氨丙基三乙氧基硅烷的乙醇溶液，在50～60min内滴加完毕，滴加过程中不断搅拌，以400～600r/min的速度保温搅拌14～18h得到溶液A；将钛酸丁酯加入乙醇中溶解后，滴加到质量分数为3%～4%盐酸水溶液中，以600～800r/min的速度搅拌1～2h，用氢氧化钠水溶液调节pH＝1.5～2.5，继续搅拌30～50min得到溶液B；将凹凸棒土加入水中溶胀1～2h，加入溶液A，以800～1000r/min的速搅拌3～4h，加入溶液B，继续搅拌4～5h，离心，水洗，升温至180～200℃，干燥2～3h，粉碎，过筛得到改性凹凸棒土。

产品应用 本品主要是一种环保水性涂料。有机溶剂用量少，对甲醛的吸附、分解性能好。

产品特性 本品选用的γ－氨丙基三乙氧基硅烷水解后形成的硅羟基和二氧化硅水溶胶中二氧化硅表面的高活性羟基相结合，将γ－氨丙基三乙氧基硅烷接枝到二氧化硅上，避免了因高活性羟基相互结合而导致的二氧化硅团聚，增加了二氧化硅水溶胶的分散性；接枝后的二氧化硅水溶胶与凹凸棒土均匀分散，γ－氨丙基三乙氧基硅烷剩余的硅羟基可以与溶胀后的凹凸棒土中的羟基相结合，从而在二氧化硅和凹凸棒土之间形成网状结构，大大增加二氧化硅水溶胶和凹凸棒土的吸附性。通过钛酸丁酯制备二氧化钛溶胶，并与二氧化硅水溶胶、凹凸棒土均匀混合，通过吸附作用使得二氧化钛均匀分布并吸附在作为载体的二氧化硅和凹凸棒土上得到改性凹凸棒土。一方面改性凹凸棒土中的二氧化硅，凹凸棒土和网状结构可以大量，牢固地吸附甲醛等有害气体；另一方面改性凹凸棒土中的二氧化钛具有光催化降解作用，可以将甲醛等有机气体分解成二氧化碳和水，吸附作用和分解作用相互配合，净化空气，从而大大增加了本品的吸附、环保作用。改性凹凸棒土、硅藻土、活性炭、高岭土相互配合即可作为填料增加本品的力学性能，也可以进一步增加本品的吸附性。有机溶剂用量少，进一步减少本品对环境的污染。BYK－346、甲基戊醇、硬脂酸镁、乳化剂6100、有机硅类高效消泡剂Tego901W、聚二甲基硅氧烷、流平剂相互作用，可以促进改性凹凸棒土、硅藻土、活性炭、高岭土和水溶性环氧树脂乳液均匀分散，增加本品的稳定性和力学性能。防腐剂DL702、桉叶油、苯并异噻唑啉酮可以增加本品防腐杀菌性能和防霉性。二丙二醇正丁醚为成膜助剂，增加本品的成膜性。丙二醇为防冻剂。聚乙烯醇、聚丙烯酰胺为增稠剂。上述各物质相互配合，可以增加本品的机械强度、稳定性、吸附性以及净化空气的作用。

配方 14 环保型水性涂料(二)

原料配比

原料		配比（质量份）			
		1#	2#	3#	4#
水溶性丙烯酸酯聚合物		40.3	31.7	42.5	45
改性乳化剂		6.4	4.6	6.6	10
磷酸锌		25	25.5	30	30
丙二醇甲醚乙酸酯		20	10	10	20
填料	纳米二氧化钛	16	—	—	9
	纳米二氧化硅	—	15	—	—
	纳米碳酸钙	—	—	15	6
三乙醇胺		4	0.5	5.5	6
羟基亚乙基二膦酸		10	6	10	11
水		60	40	60	60

制备方法 按比例称取各原料，将磷酸锌、羟基亚乙基二膦酸和填料加入水中，搅拌均匀后，加入三乙醇胺调节 pH；加入水溶性丙烯酸酯聚合物和改性乳化剂，边加入边搅拌，最后加入成膜剂反应 2～3h 即得环保型水性涂料。所述 pH 值范围为 7～8。

原料介绍 所述水溶性丙烯酸酯聚合物由丙烯酸丁酯、丙烯酸羟乙酯、丙烯酸和苯乙烯按质量比 14∶3∶1∶2 反应得到。

所述改性乳化剂由聚乙烯吡咯烷酮和聚乙烯醚进行复配，其质量比为 1∶5。

所述水溶性丙烯酸酯聚合物的制备方法如下：按比例称取各原料，向乙二醇中依次加入丙烯酸丁酯、丙烯酸羟乙酯、丙烯酸和苯乙烯的混合单体，再加入引发剂偶氮二异丁腈，在 80～85℃下搅拌回流，反应 3～4h，保温 2～3h，取样分析转化率达 99% 以上后停止反应，得水溶性丙烯酸酯聚合物。

所述成膜剂为丙二醇甲醚乙酸酯。

所述填料为纳米二氧化钛、纳米二氧化硅或纳米碳酸钙中的至少一种。

产品应用 本品主要是一种环保型水性涂料。

产品特性

（1）本产品所使用的改性乳化剂侧端带有亲水性基团，使乳化剂具有良好的耐水性。磷酸锌作为分散剂，可以减少完成分散过程所需的时间，使颜料分散体系稳定，有效避免填料絮凝、结块，羟基亚乙基二膦酸的加入与剩余的锌离子形成稳定的螯合物，减少沉渣的产生，提高涂料的性能。

（2）本产品无毒无污染，绿色环保；附着力 0 级，不易脱落，耐腐蚀性强，抗冲击强度高，具有良好的遮盖力，综合性能好；生产工艺简单，使用范围广泛，成本低，有利于工业化生产。

配方 15 具有阻燃功能的水性涂料

原料配比

原料		配比（质量份）		
		1#	2#	3#
环氧改性有机硅树脂		70	75	72
羟基丙烯酸树脂		40	43	42
十溴二苯乙烷		12	15	13
丙烯酸十二酯		22	25	24
三氧化二锑		2	4	3
三氯丙基磷酸酯		7	9	8
镁橄榄石		2	4	3
水		60	65	62
氟橡胶		5	7	6
丙烯酸		7	9	8
钛白粉		7	9	8
助剂		15	18	17
助剂	锆英石	17	19	18
	滑石粉	13	15	14
	水	10	15	13
	高岭土	12	14	13
	石墨粉	5	8	7

制备方法

（1）按上述配比，将环氧改性有机硅树脂、羟基丙烯酸树脂、十溴二苯乙烷先放入搅拌釜内进行混合，控制搅拌釜中的温度在 64～68℃，设定搅拌速度 675～780r/min，搅拌时间 40～45min，然后依次放入丙烯酸十二酯、三氧化二锑、三氯丙基磷酸酯、镁橄榄石进行混合，搅拌速度为 820～830r/min，保持 40～45min；

（2）然后将水、氟橡胶、丙烯酸、钛白粉、助剂放入搅拌釜内进行混合，设定搅拌速度为 850～860r/min，搅拌时间为 60～90min，调制水性涂料 pH 值为 8～9，即可得到所述具有阻燃功能的水性涂料。

原料介绍 所述助剂的制备方法：将锆英石和滑石粉混合粉碎，过 120 目筛，得到粉末 A，然后将高岭土和石墨粉混合粉碎，过 40 目筛，得到粉末 B，将粉末 A 与粉末 B 以 3∶2 的比例搅拌混合，搅拌 5～8min，然后加入水搅拌反应 15～20min，过滤，干燥，粉碎，过 120 目筛，在氮气保护下，加热至 730～750℃下煅烧 2～3h 后，空冷至室温，然后粉碎，过 100 目筛，即可得到助剂。

产品应用 本品主要是一种具有阻燃功能的水性涂料。

产品特性 本涂料抗腐蚀能力和抗氧化能力极强，还具有阻燃性能，并且表面的耐摩擦能力大大提高，降低磨损，增加使用寿命，并且制备方法简单，成本低，生产效率高。其中加入了十溴二苯乙烷、三氧化二锑和三氯丙基磷酸酯阻燃材料，不仅能提高水性涂料的阻燃性能，还能使水性涂料具有自熄性、耐候性、耐寒性、抗静电性等，提高了水性涂料的综合性能。本水性涂料黏结性能优异，弹性、耐曲挠性及撕裂强度高，耐油、耐热、耐寒性好，密封性能好，使用寿命长。本水性涂料长期使用不会发生起泡、龟裂、泛白甚至脱层等问题，并且能在恶劣的环境下使用。

配方 16　抗冲击环保水性涂料

原料配比

原料		配比（质量份）				
		1#	2#	3#	4#	5#
改性环氧树脂乳液		90	110	95	105	100
水		18	14	17	15	16
三乙二醇单乙醚		3	5	3.5	4.5	4
凹凸棒土		15	10	14	12	13
滑石粉		5	8	6	7	6.5
钛白粉		10	5	8	6	7
负离子粉		5	10	7	9	8
润湿剂 H-140		0.4	0.2	0.35	0.25	0.3
三乙基己基磷酸		4	5	4.2	4.8	4.5
聚乙烯吡咯烷酮		0.3	0.2	0.27	0.23	0.25
聚氧化乙烯		0.1	0.2	0.12	0.18	0.15
乳化剂 OP-10		0.4	0.3	0.37	0.33	0.35
聚氧乙烯聚氧丙烯季戊四醇醚		0.1	0.2	0.12	0.18	0.15
乳化硅油		0.07	0.03	0.06	0.04	0.05
防腐剂 N-369		0.04	0.06	0.045	0.055	0.05
富马酸二甲酯		0.04	0.02	0.035	0.025	0.03
流平剂		0.4	0.5	0.42	0.48	0.45
改性环氧树脂乳液	纳米蒙脱土	5	4	4.8	4.2	4.5
	二苯甲烷二异氰酸酯	8	10	8.5	9.5	9
	物料 A	1.6	1.2	1.5	1.3	1.4
	环氧树脂	50	80	60	70	65
	聚丙二醇 1000	90	100	92	98	95
	二苯甲烷二异氰酸酯	70	50	65	55	60
	二羟甲基丙酸	8	10	8.5	9.5	9
	物料 B	170	130	160	140	150
	五甲基二亚乙基三胺	0.4	0.6	0.45	0.55	0.5
	三羟甲基丙烷	14	10	13	11	12
	水	100	200	120	180	150
	乙二胺	4	3	3.7	3.3	3.5

制备方法 将水、改性环氧树脂乳液混合，以400r/min的速度搅拌15min，加入三乙二醇单乙醚继续搅拌10min，加入润湿剂H－140、三乙基己基磷酸、乳化剂OP－10、聚氧乙烯聚氧丙烯季戊四醇醚、乳化硅油、防腐剂N－369、富马酸二甲酯以500r/min的速度搅拌10min，加入凹凸棒土、滑石粉、钛白粉、负离子粉，以1500r/min的速度搅拌15min，加入流平剂，以700r/min的速度搅拌5min，加入聚乙烯吡咯烷酮、聚氧化乙烯继续搅拌15min得到抗冲击环保水性涂料。

原料介绍 所述改性环氧树脂乳液的制备方法：将纳米蒙脱土加入水中超声分散8～10h，过滤，升温至80～90℃，真空干燥22～26h，加入丙酮中混匀，通入氮气，以0.6～0.8mL/min的速度滴加二苯甲烷二异氰酸酯，升温至65～75℃，回流3～4h，离心，丙酮洗涤，升温至80～90℃，真空干燥22～26h得到物料A；取真空干燥后的环氧树脂，通入氮气，加入物料A，以400～600r/min的速度搅拌30～40min得到物料B；取真空干燥后的聚丙二醇，通入氮气，加入二苯甲烷二异氰酸酯的*N*－甲基吡咯烷酮溶液，升温至70～75℃，以200～300r/min的速度保温搅拌10～15min，加入二羟甲基丙酸的*N*－甲基吡咯烷酮溶液，继续搅拌15～25min，加入物料B，加入五甲基二亚乙基三胺，继续搅拌3.5～4.5h，加入三羟甲基丙烷，继续搅拌20～30min，加入丙酮混匀，降温至25～30℃，加入三乙胺调节pH＝6～7，以300～500r/min的速度搅拌30～40min，加入水，以800～900r/min的速度搅拌1.5～2.5h，加入乙二胺，继续搅拌30～40min，减压蒸出丙酮得到改性环氧树脂乳液。

产品应用 本品主要是一种抗冲击环保水性涂料，抗冲击性高，抗裂能力好，环保性能好。

产品特性 本产品用水在纳米蒙脱土表面形成硅羟基，并与二苯甲烷二异氰酸酯中一端的异氰酸基团反应，在纳米蒙脱土表面接枝上二苯甲烷二异氰酸酯得到物料A，物料A中剩余的异氰酸基团与环氧树脂中的部分羟基反应，从而将纳米蒙脱土、二苯甲烷二异氰酸酯、环氧树脂接枝在一起得到物料B，避免了纳米蒙脱土的团聚，纳米蒙脱土表面活性非常大，与环氧树脂接枝，可以大大增加环氧树脂的抗冲击性、抗撕裂性、柔韧性等力学性能，并具有吸附作用，可以吸附有害气体，保护环境，从而大大增加了本产品的抗冲击性和环保作用；将物料B加入聚氨酯的合成过程中，物料B中环氧树脂上剩余的羟基可以与聚氨酯两端的异氰酸基团反应，从而将聚氨酯穿插进环氧树脂中，形成相互穿插连接的复杂网络结构，大大增加了本产品的抗冲击性、韧性、抗撕裂性能；物料B中的氰酸基与穿插在环氧树脂中的聚氨酯上的氰酸基可以相互化学键合，进一步增加本产品的抗冲击性、韧性、抗撕裂性能。凹凸棒土、滑石粉、钛白粉、负离子粉与改性环氧树脂乳液中的纳米蒙脱土相互配合，大大增加了本产品吸附、分解有害气体的作用，保护环境；润湿剂H－140、三乙基己基磷酸、乳化剂OP－10、聚氧乙烯聚氧丙烯季戊四醇醚、乳化硅油、流平剂相互作用，可以促进凹凸棒土、滑石粉、钛白粉、负离子粉和改性环氧树脂乳液均匀分散，增加本产品的稳定性和力学性能；防腐剂N－369、富马酸二甲酯可以增加本产品防腐杀菌防霉性；三乙二醇单乙醚为成膜助剂，增加本产品的成膜性；聚乙烯吡咯烷酮、聚氧化乙烯为增稠剂。上述各物质相互配合，可以增加本产品的抗冲击性能、抗裂性能、稳定性、吸附性以及净化空气的作用。

配方 17 抗冲击水性丙烯酸酯涂料

原料配比

原料		配比（质量份）				
		1#	2#	3#	4#	5#
改性丙烯酸酯乳液		90	80	100	85	95
水		9	10	8	9.5	8.5
丙二醇甲醚乙酸酯		4	3	5	3.5	4.5
羧基化多壁碳纳米管		2	3	1	2.5	1.5
高岭土		11	10	12	10.5	11.5
碳酸钙		6.5	8	5	7	6
聚乙二醇 400		3.5	3	4	3.2	3.8
十二烷基磺酸钠		1.5	2	1	1.7	1.3
聚二甲基硅氧烷		0.03	0.02	0.04	0.025	0.035
聚氧乙烯聚氧丙烯季戊四醇醚		0.06	0.07	0.05	0.065	0.055
润湿剂 Wet265		0.2	0.1	0.3	0.15	0.25
流平剂		0.2	0.3	0.1	0.25	0.15
聚丙烯酰胺		0.15	0.1	0.2	0.13	0.17
聚乙烯醇		0.25	0.3	0.2	0.28	0.22
防腐剂		0.05	0.04	0.06	0.045	0.055
改性丙烯酸酯乳液	钠基蒙脱土	—	2	1	1.7	1.3
	甲苯	—	45	85	60	70
	γ-氨丙基三乙氧基硅烷	—	21	10	18	13
	物料 A	—	1	1	9	3
	水	—	10	38	130	80
	丙烯酸	—	20	30	37	33
	甲基丙烯酸甲酯	—	10	30	22	28
	丙烯酸乙酯	—	15	20	28	22
	乙酸乙烯酯	—	4	10	8.5	9.5
	过硫酸铵	—	1	1	1.7	1.3
	乙醇	—	25	60	52	58
	水	—	30	40	55	45
	溶液 B	—	10	25	21	23

制备方法 将改性丙烯酸酯乳液、水、羧基化多壁碳纳米管混合，以 800r/min 的速度搅拌 40min，加入丙二醇甲醚乙酸酯，以 500r/min 的速度搅拌 8min，加入聚乙二醇 400、十二烷基磺酸钠、聚二甲基硅氧烷、聚氧乙烯聚氧丙烯季戊四醇醚、润湿剂 Wet265、防腐剂继续搅拌 15min，加入高岭土、碳酸钙，以 1000r/min 的速度搅拌 20min，加入流平剂，以 800r/min 的速度搅拌 6min，加入聚丙烯酰胺、聚乙烯醇，以

700r/min 的速度搅拌 10min 得到抗冲击水性丙烯酸酯涂料。

原料介绍 所述改性丙烯酸酯乳液制备方法：将钠基蒙脱土加入甲苯中混匀，通入氮气，升温至70~80℃，加入γ-氨丙基三乙氧基硅烷，升温至90~110℃，保温搅拌3~5h，过滤取滤饼，干燥粉碎至200~300 目得到物料 A；将物料 A 加入水中混匀，超声1~2h 得到溶液 B；向溶液 B 中滴加丙烯酸、甲基丙烯酸甲酯、丙烯酸乙酯、乙酸乙烯酯、过硫酸铵、乙醇、水的混合溶液，用乙酸钠调节 pH=7.5~8，通入氮气，升温至 70~80℃，保温搅拌 4~6h，用乙酸调节 pH=6.5~7，得到改性丙烯酸酯乳液。

产品应用 本品主要是一种抗冲击水性丙烯酸酯涂料，抗冲击性能好，韧性高，耐高温，保温性能好。

产品特性 本产品选用γ-氨丙基三乙氧基硅烷和钠基蒙脱土进行反应，将γ-氨丙基三乙氧基硅烷接枝到蒙脱土上得到物料 A，增加了蒙脱土和丙烯酸酯类物质的相容性，使二者能均匀分散，并且在蒙脱土表面引入了氨基，通过超声使得物料 A 粉碎成细小颗粒，进一步促进蒙脱土和丙烯酸酯类物质均匀分散；丙烯酸、甲基丙烯酸甲酯、丙烯酸乙酯、乙酸乙烯酯、细小颗粒的γ-氨丙基三乙氧基硅烷接枝蒙脱土在过硫酸铵的作用下发生碳碳双键缩合反应形成聚合物，并且丙烯酸中的羧基和接枝在蒙脱土上的氨基可以发生键合，从而使得粉碎成细小颗粒的γ-氨丙基三乙氧基硅烷接枝蒙脱土和聚合物连接在一起，并且通过复杂的层层组合形成蒙脱土与丙烯酸酯类物质交替连接的层状结构，从而大大增加了本产品韧性和抗冲击性能。蒙脱土本身具有层状结构，具有良好的耐高温性能、抗冲击性能、保温性能，丙烯酸酯类物质可以穿插进入蒙脱土的层状结构中，增加本产品的韧性和抗冲击性，蒙脱土的层状结构和上述蒙脱土与丙烯酸酯类物质交替连接形成的层状结构相互配合，可以进一步增加本产品的韧性和抗冲击性，并能增加本产品的耐高温性和保温性能；羧基化多壁碳纳米管与改性丙烯酸酯乳液共混，也可以增加本产品的韧性和抗冲击性；高岭土、碳酸钙为填料，能增加本产品的抗冲击等力学性能和耐磨性，降低本产品的成本；聚乙二醇400、十二烷基磺酸钠、聚二甲基硅氧烷、聚氧乙烯聚氧丙烯季戊四醇醚、润湿剂 Wet265、流平剂相互作用，可以促进各物质均匀分散，增加本产品的稳定性和力学性能；防腐剂可以增加本产品防腐防霉性能；丙二醇甲醚乙酸酯为成膜助剂，增加本产品的成膜性；聚丙烯酰胺、聚乙烯醇为增稠剂。上述各物质相互配合，可以增加本产品的抗冲击性、韧性、耐磨性。

配方 18 抗氧化水性聚氨酯涂料

原料配比

原料	配比（质量份）
抗氧剂 168	1
N-月桂酰肌氨酸钠	1
双酚 A 二缩水甘油醚	0.7
尼龙酸甲酯	3
聚天冬氨酸	0.2

续表

原料	配比（质量份）
铝酸钙	2
四氯化钛	10
六水三氯化铁	0.3
28%的过氧化氢溶液	30
聚ε-己内酯二醇	600
异佛尔酮二异氰酸酯	470
丙酮	20
二羟甲基丙酸	13
二甘醇	4
辛酸亚锡	0.1
三乙胺	5
吡啶硫酮锌	0.6
棕榈蜡	3
斯潘 80	0.1

制备方法

（1）将上述棕榈蜡加入其质量3～5倍的无水乙醇中，在80～90℃下保温搅拌6～10min，加入抗氧剂168，搅拌至常温，得抗氧化醇液；

（2）将上述斯潘80、吡啶硫酮锌混合，加入混合料质量50～60倍的水中，搅拌均匀，得乳化液；

（3）将上述四氯化钛加入其质量40～50倍的水中，在3～5℃下搅拌混合20～30min，加入六水三氯化铁、乳化液，搅拌条件下滴加浓度为5%～6%的氨水溶液，调节pH值为8.1～8.6，静置30～40min，加入上述抗氧化醇液，1000～1200r/min搅拌3～4min，抽滤，将滤饼水洗3～4次，常温干燥，得掺杂沉淀；

（4）将上述铝酸钙、*N*-月桂酰肌氨酸钠混合，加入混合料质量20～30倍的水中，搅拌均匀，得分散液；

（5）将上述掺杂沉淀加入其质量80～100倍的水中，超声分散3～5min，加入上述28%～30%的过氧化氢溶液，磁力搅拌30～40min，送入沸水浴中，恒温加热3～5h，与上述分散液混合，搅拌至常温，得掺杂钛溶胶；

（6）将上述聚ε-己内酯二醇在100～110℃下真空脱水10～15min，冷却至30～40℃，通入氮气，加入上述异佛尔酮二异氰酸酯、尼龙酸甲酯，升高温度为80～90℃，恒温搅拌1.6～2h，加入上述丙酮质量的20%～30%，降低温度为30～40℃，加入上述掺杂钛溶胶、二羟甲基丙酸，升高温度为76～80℃，保温反应40～50min，降低温度为40～50℃，依次加入剩余的丙酮、二甘醇、辛酸亚锡，缓慢升高温度为70～75℃，保温反应5～6h，冷却至常温，倒入乳化桶中，加入剩余各原料，搅拌均匀，加入体系质量30%～40%的水，1200～1700r/min搅拌16～20min，得抗氧化水性聚氨酯涂料。

产品应用 本品主要是一种抗氧化水性聚氨酯涂料。

使用方法：将需要涂覆的基材加到本产品的钛掺杂水洗聚氨酯涂料中，浸润10～20min，取出后置于常温下通风4～5d，再在46～50℃下干燥6～10h，即可。

产品特性

(1) 本产品的涂膜具有很好的拉伸强度：高力学稳定性的粒子成为固定位点，限制了基体分子链的运动，从而提高拉伸强度，纳米粒子在基体中分散均匀，材料受到外力拉伸时形成受力中心，能够引发更多的银纹，消耗大量的能量，起到补强的作用，因此将纳米二氧化钛加到有机聚合物中可以提高有机基底的力学性能，提高涂膜的拉伸强度。

(2) 本产品的涂膜具有很好的紫外线吸收能力及自清洁性能：Fe^{3+}掺杂纳米二氧化钛溶胶在可见光下具有最强的光催化性能，能够明显提高涂膜的抗紫外线性能；同时可以利用其光催化降解能力将表面附着的污染物降解去除，因此也具有很好的自清洁性能。

(3) 本产品的涂料具有很好的抗氧化性能，使用寿命长，稳定性好。

配方 19 抗紫外线的水性聚氨酯涂料

原料配比

原料	配比（质量份）
烷醇酰胺	0.1
四氯化钛	10
六水三氯化铁	0.3
28%的过氧化氢溶液	30
聚ε-己内酯二醇	600
异佛尔酮二异氰酸酯	470
丙酮	20
二羟甲基丙酸	13
二甘醇	4
辛酸亚锡	0.1
三乙胺	5
四［β-（3,5-二叔丁基-4-羟基苯基）丙酸］季戊四醇酯	0.5
一缩二丙二醇	0.2
羟基乙酸	0.1
钼酸铵	1.3
斯潘80	0.8
氟化钙	1
烯基琥珀酸酐	0.7

制备方法

（1）将上述斯潘80加入其质量17～20倍的70%～75%的乙醇溶液中，加入四［β－（3,5－二叔丁基－4－羟基苯基）丙酸］季戊四醇酯，搅拌均匀，得抗紫外线乳液；

（2）将上述一缩二丙二醇、聚乙烯苯磺酸混合，搅拌均匀，加入上述异佛尔酮二异氰酸酯质量的3%～4%，升高温度为60～70℃，保温反应20～30min，与上述抗紫外线乳液混合，搅拌均匀，滴加浓度为96%～98%的硫酸，调节pH值为1～2,在上述温度下保温40～50min，脱水，得改性单体；

（3）将上述烯基琥珀酸酐加入其质量17～20倍的水中，升高温度为80～90℃，加入烷醇酰胺，保温搅拌3～6min，得水分散液；

（4）将上述四氯化钛加入其质量80～100倍的水中，在3～5℃下搅拌混合20～30min,加入六水三氯化铁，搅拌条件下滴加浓度为5%～6%的氨水溶液，调节pH值为8～8.6，静置30～40min，与上述水分散液混合，搅拌均匀，抽滤，将滤饼水洗3～4次,常温干燥，得掺杂沉淀；

（5）将上述掺杂沉淀加入其质量100～120倍的水中，超声分散3～5min，加入上述28%～30%的过氧化氢溶液，磁力搅拌30～40min，送入沸水浴中，恒温加热3～5h，得掺杂钛溶胶；

（6）将上述聚ε－己内酯二醇在100～110℃下真空脱水10～15min，冷却至30～40℃,通入氮气，加入剩余的异佛尔酮二异氰酸酯，升高温度为80～90℃，恒温搅拌1.6～2h，加入上述丙酮质量的20%～30%，降低温度为30～40℃，依次加入上述掺杂钛溶胶、改性单体、二羟甲基丙酸，升高温度为76～80℃，保温反应40～50min，降低温度为40～50℃，依次加入剩余的丙酮、二甘醇、辛酸亚锡，缓慢升高温度为70～75℃，保温反应5～6h，冷却至常温，倒入乳化桶中，加入剩余各原料，搅拌均匀，加入体系质量30%～40%的水，1200～1700r/min搅拌16～20min，得抗紫外线的水性聚氨酯涂料。

产品应用 本品主要是一种抗紫外线的水性聚氨酯涂料。

使用方法：将需要涂覆的基材加入本产品的钛掺杂水洗聚氨酯涂料中，浸润10～20min，取出后置于常温下通风4～5d，再在46～50℃下干燥6～10h，即可。

产品特性

（1）本产品的涂膜具有很好的拉伸强度：高力学稳定性的粒子成为固定位点，限制了基体分子链的运动，从而提高拉伸强度，纳米粒子在基体中分散均匀，材料受到外力拉伸时形成受力中心，能够引发更多的银纹，消耗大量的能量，起到补强的作用，因此将纳米二氧化钛加入有机聚合物中可以提高有机基底的力学性能，提高涂膜的拉伸强度；

（2）本产品的涂膜具有很好的紫外线吸收能力及自清洁性能：Fe^{3+}掺杂纳米二氧化钛溶胶在可见光下具有最强的光催化性能，能够明显提高涂膜的抗紫外线性能；同时可以利用其光催化降解能力将表面附着的污染物降解去除，因此也具有很好的自清洁性能。

（3）本产品的涂料还加入了四［β－（3,5－二叔丁基－4－羟基苯基）丙酸］季戊四醇酯，更进一步地提高了紫外线吸收能力。

配方 20 耐低温水性聚氨酯涂料

原料配比

<table>
<tr><th colspan="2" rowspan="2">原料</th><th colspan="5">配比（质量份）</th></tr>
<tr><th>1#</th><th>2#</th><th>3#</th><th>4#</th><th>5#</th></tr>
<tr><td colspan="2">改性聚氨酯乳液</td><td>70</td><td>90</td><td>75</td><td>85</td><td>80</td></tr>
<tr><td colspan="2">水</td><td>20</td><td>15</td><td>18</td><td>16</td><td>17</td></tr>
<tr><td colspan="2">十二碳醇酯</td><td>3</td><td>5</td><td>3.5</td><td>4.5</td><td>4</td></tr>
<tr><td colspan="2">高岭土</td><td>15</td><td>10</td><td>14</td><td>12</td><td>13</td></tr>
<tr><td colspan="2">钛白粉</td><td>10</td><td>12</td><td>10.5</td><td>11.5</td><td>11</td></tr>
<tr><td colspan="2">十二烷基磺酸钠</td><td>3</td><td>2</td><td>2.8</td><td>2.2</td><td>2.5</td></tr>
<tr><td colspan="2">聚丙烯酰胺</td><td>1</td><td>2</td><td>1.3</td><td>1.7</td><td>1.5</td></tr>
<tr><td colspan="2">聚氧乙烯聚氧丙烯季戊四醇醚</td><td>0.07</td><td>0.05</td><td>0.065</td><td>0.055</td><td>0.06</td></tr>
<tr><td colspan="2">聚二甲基硅氧烷</td><td>0.06</td><td>0.08</td><td>0.065</td><td>0.075</td><td>0.07</td></tr>
<tr><td colspan="2">斯潘 60</td><td>0.07</td><td>0.05</td><td>0.065</td><td>0.055</td><td>0.06</td></tr>
<tr><td colspan="2">润湿剂 BYK－346</td><td>0.2</td><td>0.3</td><td>0.22</td><td>0.28</td><td>0.25</td></tr>
<tr><td colspan="2">润湿剂 Wet265</td><td>0.4</td><td>0.2</td><td>0.35</td><td>0.25</td><td>0.3</td></tr>
<tr><td colspan="2">流平剂</td><td>0.1</td><td>0.3</td><td>0.15</td><td>0.25</td><td>0.2</td></tr>
<tr><td colspan="2">聚乙烯吡咯烷酮</td><td>0.3</td><td>0.1</td><td>0.25</td><td>0.15</td><td>0.2</td></tr>
<tr><td colspan="2">聚氧化乙烯</td><td>0.2</td><td>0.3</td><td>0.23</td><td>0.27</td><td>0.25</td></tr>
<tr><td colspan="2">防霉剂</td><td>0.1</td><td>0.05</td><td>0.08</td><td>0.06</td><td>0.07</td></tr>
<tr><td rowspan="8">改性聚氨酯乳液</td><td>乙醇</td><td>95（体积份）</td><td>85（体积份）</td><td>92（体积份）</td><td>88（体积份）</td><td>90（体积份）</td></tr>
<tr><td>水</td><td>5（体积份）</td><td>15（体积份）</td><td>8（体积份）</td><td>12（体积份）</td><td>10（体积份）</td></tr>
<tr><td>300 目陶土</td><td>1</td><td>—</td><td>1</td><td>—</td><td>—</td></tr>
<tr><td>400 目陶土</td><td>—</td><td>1</td><td>—</td><td>1</td><td>1</td></tr>
<tr><td>质量分数为 0.6% 的 3－氨丙基三乙氧基硅烷乙醇水溶液</td><td>160</td><td>—</td><td>—</td><td>—</td><td>—</td></tr>
<tr><td>质量分数为 0.4% 的 3－氨丙基三乙氧基硅烷乙醇水溶液</td><td>—</td><td>100</td><td>—</td><td>—</td><td>—</td></tr>
<tr><td>质量分数为 0.55% 的 3－氨丙基三乙氧基硅烷乙醇水溶液</td><td>—</td><td>—</td><td>140</td><td>—</td><td>—</td></tr>
<tr><td>质量分数为 0.45% 的 3－氨丙基三乙氧基硅烷乙醇水溶液</td><td>—</td><td>—</td><td>—</td><td>120</td><td>—</td></tr>
</table>

续表

原料		配比（质量份）				
		1#	2#	3#	4#	5#
改性聚氨酯乳液	质量分数为0.5%的3-氨丙基三乙氧基硅烷乙醇水溶液	—	—	—	—	130
	物料A	6	5	5.8	5.2	5.5
	丙酮（一）	50	60	53	57	55
	异佛尔酮二异氰酸酯（一）	6	4.8	5.6	5.2	5.4
	二月桂酸二丁基锡（一）	0.3	0.5	0.35	0.45	0.4
	物料B	3	3.4	3.1	3.3	3.2
	端羟基聚丁二烯	49	47	48.5	47.5	48
	异佛尔酮二异氰酸酯（二）	42	44	42.5	43.5	43
	二月桂酸二丁基锡（二）	1	0.5	0.9	0.7	0.8
	二羟甲基丙酸	4.5	5.2	4.7	5	4.8
	丙烯酸羟乙酯	6.5	5.7	6.2	6	6.1
	甲基丙烯酸甲酯	4.9	5.6	5.3	5.2	5.25
	偶氮二异丁腈	1.2	0.8	1.1	0.9	1
	丙酮（二）	60	80	65	75	70
	水	100	90	98	92	95

制备方法 将改性聚氨酯乳液、水混合，以600r/min的速度搅拌10min，加入十二碳醇酯，继续搅拌6min，加入十二烷基磺酸钠、聚丙烯酰胺、聚氧乙烯聚氧丙烯季戊四醇醚、聚二甲基硅氧烷、斯潘60、润湿剂BYK-346、润湿剂Wet265、防霉剂继续搅拌15min，加入高岭土、钛白粉，以1000r/min的速度搅拌25min，加入流平剂，以600r/min的速度搅拌10min，加入聚乙烯吡咯烷酮、聚氧化乙烯，以800r/min的速度搅拌20min得到耐低温水性聚氨酯涂料。

原料介绍 所述改性聚氨酯乳液制备方法，取300~400目陶土，升温至110~130℃，保温2~3h后，冷却至室温，加入质量分数为0.4%~0.6%的3-氨丙基三乙氧基硅烷乙醇水溶液，超声分散均匀，通入氮气，升温至80~90℃，回流6~7h，离心，洗涤，干燥粉碎至300~400目得到物料A；取物料A、丙酮、异佛尔酮二异氰酸酯、二月桂酸二丁基锡，超声分散均匀，通入氮气，升温至80~90℃，回流25~30h，离心，洗涤，干燥粉碎至200~300目得到物料B；将物料B加入端羟基聚丁二烯中，超声分散均匀，加入异佛尔酮二异氰酸酯、二月桂酸二丁基锡、二羟甲基丙酸，升温至80~90℃，保温搅拌3~4h，调节温度至65~75℃，加入丙烯酸羟乙酯，保温搅拌90~110min，加入甲基丙烯酸甲酯、偶氮二异丁腈，保温搅拌1.5~2h，降温至25~35℃，加入丙酮、水混匀得到溶液C；用三乙胺调节溶液C的pH=6.5~7.5得到改性聚氨酯乳液。

产品应用 本品主要是一种耐低温水性聚氨酯涂料，而且耐腐蚀，隔声性好，耐水性好，力学性能好。

产品特性 本产品选用3-氨丙基三乙氧基硅烷与陶土反应得到物料A，增加了陶土和异佛尔酮二异氰酸酯的相容性，使二者均匀分散，并且在陶土表面引入氨基，含有氨基的陶土与异佛尔酮二异氰酸酯反应在陶土表面引入异氰酸基团得到物料B，进一步增加陶土和端羟基聚丁二烯、异佛尔酮二异氰酸酯、二羟甲基丙酸的相容性，物料B与端羟基聚丁二烯、异佛尔酮二异氰酸酯、二羟甲基丙酸在二月桂酸二丁基锡的作用下发生聚合形成含有陶土和端羟基聚丁二烯的聚氨酯预聚体，陶土具有良好的耐低温性、耐腐蚀性、隔声性和力学性能，端羟基聚丁二烯具有良好的耐低温性能和耐水解性能，但是因其无刚性基团，力学性能较低，陶土和端羟基聚丁二烯相互配合，可以大大增加本产品的耐低温性能、耐腐蚀性、隔声性，并且能补充端羟基聚丁二烯力学性能低的不足，大大增加本产品的力学性能；聚氨酯预聚体与丙烯酸羟乙酯聚合，使得在聚氨酯预聚体中引入碳碳双键，含碳碳双键的聚氨酯预聚体与甲基丙烯酸甲酯在偶氮二异丁腈的作用下，发生缩合反应，从而在聚氨酯预聚体中引入丙烯酸树脂得到含有陶土、端羟基聚丁二烯和丙烯酸树脂的改性聚氨酯乳液，陶土、端羟基聚丁二烯和丙烯酸树脂相互配合，从而大大增加了本产品耐低温性能、耐腐蚀性、隔声性、耐热性、耐水性、耐溶剂性和力学性能。高岭土、钛白粉相互配合，可以进一步增加本产品的力学性能、耐高温性能，降低本产品的成本；钛白粉还可以增加本产品的抗紫外线性能和分解甲醛的性能；十二烷基磺酸钠、聚丙烯酰胺、聚氧乙烯聚氧丙烯季戊四醇醚、聚二甲基硅氧烷、斯潘60、润湿剂BYK-346、润湿剂Wet265、流平剂相互作用，可以促进各物质均匀分散，增加本产品的稳定性和力学性能；防霉剂和钛白粉相互作用，可以增加本产品杀菌防腐防霉性能；十二碳醇酯为成膜助剂，增加本产品的成膜性；聚乙烯吡咯烷酮、聚氧化乙烯为增稠剂。上述各物质相互配合，可以增加本产品的耐高低温性能、耐腐蚀性、隔声性、耐水性、耐溶剂性和力学性能。

配方21 耐候耐磨的改性聚氨酯水性涂料

原料配比

原料	配比（质量份）				
	1#	2#	3#	4#	5#
改性聚氨酯	100	80	120	85	115
聚丙烯酸酯乳液	20	30	10	25	15
邻苯二甲酸二辛酯	10	5	15	8	12
磷酸三丁酯	5	8	2	7	3
甘油醇酸树脂	3	1	5	2	4
3-氨丙基三甲氧基硅烷	6	9	3	8	4
乙二醇单丁醚	3	1	5	2	4
羟甲基纤维素	4	6	2	5	3
钛白粉	3	1	5	2	4

续表

原料		配比（质量份）				
		1#	2#	3#	4#	5#
滑石粉		3	4	2	3.5	2.5
二氧化硅		3	1	5	2	4
氧化锌		3	4	2	3.5	2.5
油酸铝		5	4	6	4.5	5.5
颜料		7	9	5	8	6
增韧剂		3.5	2	5	3	4
消泡剂		3.5	6	1	5	2
流平剂		4	3	5	3.5	4.5
防霉剂		6	8	4	7	5
分散剂		5.5	3	8	4	7
水		20	25	15	22	18
改性聚氨酯	2,6-甲苯二异氰酸酯	12	8	16	9	15
	聚醚二醇	5.5	8	3	7	4
	1,4-丁二醇	4	2	6	3	5
	二羟甲基丙酸	5.5	8	3	7	4
	三聚氰酸环氧树脂	6.5	4	9	5	8
	丙烯酸羟乙酯	3	5	1	4	2
	三乙胺	4	2	6	3	5
	水	6	4	8	5	7

制备方法 将各组分原料混合均匀即可。

原料介绍 所述改性聚氨酯按如下工艺进行制备：以2,6-甲苯二异氰酸酯、聚醚二醇、1,4-丁二醇、二羟甲基丙酸、三聚氰酸环氧树脂为原料制备预聚体；加入丙烯酸羟乙酯对预聚体的端—NCO进行封端，反应20~40min；降温至35~55℃，加入三乙胺进行中和反应生成盐，反应4~8min；加入水进行乳化40~80min，冷却至室温得到改性聚氨酯。

所述增韧剂为苯乙烯-丁二烯热塑性弹性体、丙烯腈-丁二烯-苯乙烯共聚物、氯化聚乙烯、乙烯-乙酸乙烯酯共聚物、增塑剂DEP、增塑剂DCHP和增塑剂DOM中的一种或几种。

所述流平剂为聚二甲基硅氧烷、烷基改性有机硅氧烷、氟改性丙烯酸流平剂和磷酸酯改性丙烯酸流平剂中的一种或几种。

所述防霉剂选自季铵盐、异噻唑啉酮、丙环唑、百菌清、3-碘-2-丙炔基-丁基氨基甲酸酯、苯噻氰中的一种或者几种。

产品应用 本品主要是一种耐候耐磨的改性聚氨酯水性涂料。

产品特性 本产品合理控制各组分的配比，以改性聚氨酯为主料，由于环氧树脂含有活泼的环氧基团，可直接参与水性聚氨酯的合成反应。常见环氧改性的水性聚氨酯是将环氧树脂与聚氨酯反应后部分形成网状结构，以提高水性聚氨酯涂膜的力学性能及耐热性、耐水性和耐溶剂性等综合性；同时辅助添加邻苯二甲酸二辛酯、磷酸三丁酯和甘油醇酸树脂作为成膜物，使得本产品具有较好的耐磨性和耐候性；添加的3-氨丙基三甲氧基硅烷和乙二醇单丁醚作为助溶剂和稀释剂使用；添加的羟甲基纤维素、钛白粉、滑石粉、二氧化硅和氧化锌作为填料，有效提高了本产品的耐磨性能和耐候性能；添加的油酸铝、颜料、增韧剂、消泡剂、流平剂、防霉剂和分散剂作为助剂，有效提高了本产品的综合性能。本产品在原料良好的柔感性能、耐化学药品性能和环保性能的基础上又具有优异的耐水性、热稳定性和与被涂层物之间的黏结性，综合性能优异，耐用性好，应用前景广阔。

配方 22 耐磨水性聚氨酯复合涂料

原料配比

原料		配比（质量份）		
		1#	2#	3#
水性聚氨酯		60	65	65
水		45	40	45
聚丙烯酸		25	20	25
多异氰酸酯		25	20	15
丙烯酸酯		25	18	20
固化剂	二氨基二苯基甲烷	20	—	—
	氨乙基哌嗪	—	9	—
	间苯二胺	—	8	—
	多亚乙基多胺	—	—	15
钛白粉		15	13	10
消泡剂	磷酸三丁酯	8	—	4
	聚氧丙烯甘油醚	—	3	4
	聚二甲基硅氧烷	—	3	—

制备方法 将各组分原料混合均匀即可。

产品应用 本品主要是一种耐磨水性聚氨酯复合涂料。

产品特性 本产品结合了聚氨酯涂料和聚丙烯涂料的优点，两者互补，使得本产品的涂料能够快速固定成膜，涂层具有优秀的附着力，且无污染，具有耐磨、耐腐蚀、耐热、耐光、耐水和力学性能良好的优点。

配方 23 耐水水性聚氨酯涂料

原料配比

<table>
<tr><th colspan="2" rowspan="2">原料</th><th colspan="4">配比（质量份）</th></tr>
<tr><th>1#</th><th>2#</th><th>3#</th><th>4#</th></tr>
<tr><td colspan="2">水性聚氨酯</td><td>85</td><td>95</td><td>88</td><td>92</td></tr>
<tr><td colspan="2">醛酮树脂</td><td>15</td><td>12</td><td>14</td><td>13</td></tr>
<tr><td colspan="2">环氧树脂</td><td>3</td><td>6</td><td>4</td><td>5</td></tr>
<tr><td colspan="2">气相二氧化硅</td><td>4</td><td>3</td><td>3.6</td><td>3.3</td></tr>
<tr><td colspan="2">白炭黑</td><td>8</td><td>11</td><td>9</td><td>10</td></tr>
<tr><td colspan="2">膨润土</td><td>17</td><td>14</td><td>16</td><td>15</td></tr>
<tr><td colspan="2">煅烧高岭土</td><td>23</td><td>26</td><td>34</td><td>25</td></tr>
<tr><td colspan="2">铝锆偶联剂</td><td>4</td><td>2</td><td>3.5</td><td>2.5</td></tr>
<tr><td colspan="2">羧甲基纤维素钠</td><td>1</td><td>3</td><td>1.5</td><td>2.3</td></tr>
<tr><td colspan="2">流平剂</td><td>10</td><td>7</td><td>9</td><td>8</td></tr>
<tr><td colspan="2">消泡剂</td><td>2</td><td>4</td><td>2.5</td><td>3.5</td></tr>
<tr><td colspan="2">防霉剂</td><td>6</td><td>4</td><td>5.5</td><td>4.5</td></tr>
<tr><td rowspan="8">水性聚氨酯</td><td>改性环己烷二亚甲基二异氰酸酯</td><td>32</td><td>35</td><td>33</td><td>34</td></tr>
<tr><td>含氟硅氧烷二元醇</td><td>58</td><td>55</td><td>57</td><td>56</td></tr>
<tr><td>新戊二醇</td><td>10</td><td>7</td><td>9</td><td>8</td></tr>
<tr><td>2-（羟基甲基）苯硼酸半酯</td><td>1.7</td><td>2</td><td>1.8</td><td>1.9</td></tr>
<tr><td>三聚氰胺-甲醛树脂和丙酮</td><td>9</td><td>6</td><td>8</td><td>7</td></tr>
<tr><td>邻苯基苯酚钠</td><td>0.1</td><td>0.2</td><td>0.15</td><td>0.18</td></tr>
<tr><td>N, N-双（2-羟丙基）苯胺</td><td>5</td><td>7</td><td>5.5</td><td>6.5</td></tr>
<tr><td>N-乙基二乙醇胺</td><td>6</td><td>5</td><td>6</td><td>5</td></tr>
<tr><td rowspan="10">含氟硅氧烷二元醇</td><td>四甲基二硅氧烷</td><td>27</td><td>30</td><td>28</td><td>29</td></tr>
<tr><td>八甲基环四硅氧烷</td><td>8</td><td>5</td><td>7</td><td>6</td></tr>
<tr><td>质量分数为92%的浓硫酸</td><td>3</td><td>5</td><td>3.5</td><td>4.5</td></tr>
<tr><td>三氟丙基甲基环三硅氧烷</td><td>15</td><td>12</td><td>14</td><td>13</td></tr>
<tr><td>三异丙基氯硅烷</td><td>11</td><td>8</td><td>10</td><td>9</td></tr>
<tr><td>1,6-庚二烯-4-醇</td><td>6</td><td>9</td><td>7</td><td>8</td></tr>
<tr><td>质量分数为25%的碳酸钠水溶液</td><td>22</td><td>20</td><td>21</td><td>20.5</td></tr>
<tr><td>氯铂酸</td><td>0.5</td><td>0.2</td><td>0.4</td><td>0.3</td></tr>
<tr><td>四氢呋喃</td><td>3</td><td>4</td><td>3.3</td><td>3.6</td></tr>
<tr><td>四丁基氟化铵</td><td>6</td><td>4</td><td>5.5</td><td>4.5</td></tr>
</table>

续表

原料		配比（质量份）			
		1#	2#	3#	4#
改性环己烷二亚甲基二异氰酸酯	环己烷二亚甲基二异氰酸酯	25	28	26	27
	三丁基氧化锡	4	3	4	3
	甲基三乙氧基硅烷	4.2	4.5	4.3	4.4
	异辛酸铋	0.8	0.5	0.7	0.6

制备方法 将各组分原料混合均匀即可。

原料介绍 所述水性聚氨酯按如下工艺制备：按上述质量份将改性环己烷二亚甲基二异氰酸酯和含氟硅氧烷二元醇混合均匀后，升温至85～88℃，保温1.5～2h，降温至40～50℃后加入新戊二醇、2－（羟基甲基）苯硼酸半酯、三聚氰胺－甲醛树脂和丙酮，再加入邻苯基苯酚钠，升温至80～83℃，保温1.7～2h得到物料a；将物料a降温至30～40℃后，再滴加含*N*,*N*－双（2－羟丙基）苯胺和*N*－乙基二乙醇胺的溶液，升温至65～68℃，保温1.2～1.5h得到物料b；将物料b调节pH至中性后，真空脱除丙酮得到水性聚氨酯。

所述水性聚氨酯的制备工艺中，含氟硅氧烷二元醇的制备方法：按上述质量份将四甲基二硅氧烷和八甲基环四硅氧烷混合均匀后，滴加质量分数为88%～92%的浓硫酸，升温，滴加三氟丙基甲基环三硅氧烷，保温，冷却后，加入氢氧化钠调节pH值至6，过滤，蒸馏得到第一物料；将三异丙基氯硅烷加入二氯甲烷中混合均匀后，再加入1,6－庚二烯－4－醇搅拌均匀，接着滴加质量分数为25%～28%的碳酸钠水溶液，搅拌，静置分层，取下层油状液进行蒸馏得到第二物料；将第一物料和第二物料混合均匀后，加入氯铂酸，升温，保温，真空蒸馏后得到第三物料；将第三物料、四氢呋喃、四丁基氟化铵混合后，升温回流，旋转蒸发得到含氟硅氧烷二元醇。

所述水性聚氨酯的制备工艺中，改性环己烷二亚甲基二异氰酸酯制备方法如下：按上述质量份将环己烷二亚甲基二异氰酸酯和三丁基氧化锡混合，通入N_2保护，升温至87～90℃，在升温过程中不停搅拌，保温2～3h得到物料x；将甲基三乙氧基硅烷和异辛酸铋混合后，加入水中得到物料y；将物料x和物料y混合均匀，升温至54～57℃，保温1.8～2.1h，真空蒸馏得到改性环己烷二亚甲基二异氰酸酯。

产品应用 本品主要是一种耐水水性聚氨酯涂料，具有优异的耐水性能，耐热、防火阻燃性能优秀，而且附着力高，硬度高，干燥速度快。

产品特性 本产品采用水性聚氨酯、醛酮树脂、环氧树脂作为成膜物质，不仅高光泽、高硬度、抗降解及耐候性良好，而且耐水、耐热、防火阻燃性能优秀，附着力高，干燥速度快。而气相二氧化硅和膨润土作为本产品的防沉助剂，大幅改善了本产品的稠度和防触变性，使本产品中的成膜物质和填充补强剂分布均匀，大大延长了本产品的使用寿命和保存时间。气相二氧化硅还与白炭黑、膨润土、煅烧高岭土作为填充物，使本产品在固化后具有优异的强度、韧性、防水、抗老化、耐磨和耐腐蚀能力。膨润土、煅烧高岭土具有庞大的比表面积、表面多介孔结构和极强的吸附能力，不仅使本产品在固化后可吸附空气中的有害粉尘，还使本产品具有良好的阻燃性能。

配方 24 耐油防腐水性涂料

原料配比

原料	配比（质量份）				
	1#	2#	3#	4#	5#
醇酸树脂	100	80	120	85	115
酚醛环氧树脂	35	50	20	45	25
间二甲苯酚醛树脂	10	5	15	8	12
丁醚化氨基树脂	5.5	9	2	8	3
羟基丙烯酸树脂	10	5	15	8	12
邻苯酸二丁酯	5.5	8	3	7	4
丙烯酸羟乙酯	5.5	2	9	3	8
丙烯酸异辛酯	4.5	6	3	5	4
丙二酸二乙酯	4.5	1	8	2	7
甲基丙烯酸甲酯	5	8	2	7	3
三聚磷酸铝	4	2	6	3	5
磷酸锌	3	5	1	4	2
无水乙醇	4.5	3	6	4	5
三氧化二铝	6	9	3	8	4
氯化石蜡	6.5	4	9	5	8
甲基纤维素	5	8	2	7	3
滑石粉	4	1	7	2	6
有机膨润土	5.5	8	3	7	4
硅合金粉	5.5	2	9	3	8
方解石	3.5	6	1	5	2
硬脂酸锌	6	4	8	5	7
钛白粉	5.5	9	2	8	3
高岭土	4	2	6	3	5
碳酸钙	6.5	9	4	8	5
硅微粉	3	1	5	2	4
二月桂酸二丁基锡	4.5	7	2	6	3
硬脂酸镁	3.5	1	6	2	5
增稠剂	3.5	6	1	5	2
稀释剂	3.5	2	5	3	4
消泡剂	6.5	9	4	8	5
偶联剂	4	2	6	3	5
丙二醇甲醚	5	6	4	5.5	5.5
水	19	12	26	14	14

制备方法

（1）按配比将醇酸树脂、酚醛环氧树脂、间二甲苯酚醛树脂和无水乙醇混合，搅拌均匀形成分散液，再加入丁醚化氨基树脂、羟基丙烯酸树脂和稀释剂，搅拌混合均匀后超声分散20～30min，然后加入滑石粉、有机膨润土、硅合金粉、方解石、钛白粉、高岭土和碳酸钙，球磨后冷却至室温得到物料a；球磨时间为40～60min，球磨温度为45～55℃。

（2）将甲基纤维素放入球磨机中进行球磨，然后加入硅微粉和丙烯酸羟乙酯，继续搅拌8～16min，形成表面活化的混合粉料A；球磨转速为2500～2900r/min，球磨温度为60～80℃，球磨时间为45～65min。

（3）将硬脂酸锌加热至熔融与邻苯酸二丁酯、丙烯酸异辛酯、丙二酸二乙酯、甲基丙烯酸甲酯、三聚磷酸铝、磷酸锌混合，然后缓慢加入三氧化二铝和氯化石蜡，以600～1000r/min的速度搅拌40～60min后移至高速搅拌机，加入物料a和混合粉料A，以3700～3900r/min的速度分散20～50min，获得混合浆料；

（4）向混合浆料中缓慢地加入二月桂酸二丁基锡、硬脂酸镁、增稠剂、消泡剂、偶联剂、丙二醇甲醚和水，以380～450r/min的速度搅拌35～45min，然后球磨分散2～3h,即得耐油防腐水性涂料。

产品应用 本品主要是一种耐油防腐水性涂料。

产品特性 本产品合理控制各组分的配比，以醇酸树脂为主料，辅助添加酚醛环氧树脂、间二甲苯酚醛树脂、丁醚化氨基树脂、羟基丙烯酸树脂、邻苯酸二丁酯、丙烯酸羟乙酯、丙烯酸异辛酯、丙二酸二乙酯和甲基丙烯酸甲酯作为成膜物质，使得成膜的耐油和防腐性能得到有效提高；添加的三聚磷酸铝可以有效提高本产品的防腐和耐热性能；添加的磷酸锌、无水乙醇、三氧化二铝、氯化石蜡、甲基纤维素、滑石粉、有机膨润土、硅合金粉、方解石、硬脂酸锌、钛白粉、高岭土、碳酸钙和硅微粉作为填料，有效提高了本产品的耐磨性能和硬度，其中磷酸锌、三氧化二铝和氯化石蜡的配合使用，合理控制三者的配比，作为阻燃剂能够有效提高本产品的耐热性能；添加的二月桂酸二丁基锡、硬脂酸镁、增稠剂、稀释剂、消泡剂、偶联剂、丙二醇甲醚和水作为助剂，能够有效提高本产品的综合性能。

配方 25 室温固化水性环氧树脂涂料

原料配比

原料	配比（质量份）		
	1#	2#	3#
环氧树脂乳液	50	55	60
水性环氧固化剂	35	30	40
消泡剂 SN－Defoamer345	5	8	7
湿润分散剂 Hydropalat3275	10	13	12
填料	1	2	3
水性流平剂 BYK－380	2	1	3

续表

原料	配比（质量份）		
	1#	2#	3#
助溶剂乙二醇单丁醚	3	4	5
水	35	30	32
防闪锈剂聚乙二醇二油酸酯	2	1	3
防霉剂硼酸锌	0.5	2	1.1
增稠剂羟甲基纤维素	3	4	2

制备方法

（1）将环氧树脂乳液、水性环氧固化剂分别倒入烧杯中，在200~300r/min条件下搅拌1~3h得混合乳液；

（2）另取一烧杯加入水，在100~200r/min搅拌条件下滴入湿润分散剂、增稠剂和消泡剂，搅拌5~8min后再加入助溶剂混合均匀，得混合液；

（3）在搅拌速度为200~300r/min下将填料加入上述步骤（2）的混合液中，待填料润湿后，在400~500r/min下搅拌10~20min，得填料分散液；

（4）在200~250r/min下，将步骤（1）中的乳液缓慢加入分散液中，继续搅拌10~20min；

（5）再降低搅拌速度至100~150r/min，加入流平剂、防闪锈剂、防霉剂搅拌20~30min，制得涂料。

使用时将步骤（5）中制得的涂料与水性环氧固化剂混合，在室温下固化即可得温室固化水性环氧树脂涂料。

产品应用 本品主要是一种室温固化水性环氧树脂涂料。

产品特性

（1）本产品中采用的消泡剂是弹性涂料消泡剂，它对黏度体系显示出极好的消泡效果，使用的颜填料为钛白粉，故使用了专门用于分散钛白粉的湿润分散剂，它能给钛白浆提供非常好的稳定性以及非常好的流动性。

（2）本产品中加入了助溶剂乙二醇单丁醚，提高了聚结性，同时能较长时间保持涂膜处于“开放”状态，使得涂膜内水分能够较容易地挥发出来，同时也提高了涂膜的流变性。

配方26　疏水的水性荧光聚氨酯涂料

原料配比

原料	配比（质量份）				
	1#	2#	3#	4#	5#
异佛尔酮二异氰酸酯	23	20	23	30	26
二元醇	47	50	45	44	46

续表

原料	配比（质量份）				
	1#	2#	3#	4#	5#
端羟基聚硅氧烷	10	8	12	8	6
有机锡类催化剂	0.05	0.04	0.06	0.06	0.05
亲水扩链剂	4	3.5	3	3	3.8
封端剂	4.3	4.5	3	3.5	3.2
三乙胺	3.7	5	3.5	3.5	4
甲基丙烯酸+二氟庚酯	8	8	10	6	6
过硫酸铵	0.4	0.6	0.5	0.4	0.4
氮丙啶交联剂	5	3	2	4	5
碲粉	0.008	0.009	0.006	0.007	0.006
硼氢化钠	0.005	0.004	0.006	0.006	0.006
氯化铬水合物	0.028	0.028	0.03	0.02	0.02
巯基丙酸	0.03	0.02	0.04	0.025	0.04
水	加至100	加至100	加至100	加至100	加至100

制备方法

（1）将二元醇、亲水扩链剂置于真空烘箱中干燥，将其他的预聚单体加入分子筛进行干燥；所述真空烘箱的温度可为100～120℃，所述干燥的时间可为3～5h；所述分子筛可为4A分子筛；所述分子筛干燥的时间可为24h以上。

（2）将脱水处理的二元醇、异佛尔酮二异氰酸酯、端羟基聚硅氧烷按比例加入四口烧瓶中，在氮气保护下，升温加入有机锡类催化剂，继续反应，再继续升温加入亲水扩链剂，再继续反应；所述升温的温度可至70～80℃，所述继续反应的时间可为3～4h；所述再继续升温的温度可至85～90℃，所述再继续反应的时间可为2～3h。

（3）待反应体系降温后，加入封端剂，继续进行反应，此过程用有机溶剂丙酮降黏；所述下降温度可至60～70℃，所述继续反应时间可为2～4h，所述有机溶剂可为丙酮。

（4）待预聚物降至45℃，加入中和剂和含氟丙烯酸酯进行搅拌；搅拌速度可为250～300r/min，搅拌时间可为30min以上。

（5）再进行剧烈搅拌，并缓慢加入经冷藏处理的水进行乳化；所述剧烈搅拌的搅拌速度可为1700～2000r/min，所述乳化的时间可为10min以上。

（6）然后升温后加入自由基引发剂，继续反应；最后用真空旋转蒸发仪除去有机溶剂丙酮，得到水性聚氨酯乳液A；所述升温的温度可至70～80℃，所述继续反应的时间可为3～4h。

（7）隔绝空气的条件下，将碲粉和硼氢化钠完全溶解在水中，得到溶液B。

（8）将氯化铬及巯基丙酸分别溶解在水中，再将两者混合，用碱调节混合液的pH = 11 ~ 12，得到溶液C。

（9）将C注入溶液B中反应后的液体注入高压反应釜中加热，将反应釜在175 ~ 185℃下加热35 ~ 55min，得到一系列粒径不同的CdTe量子点；所述反应的时间可为1.5 ~ 3h；所述反应釜的温度可为175 ~ 185℃，加热的时间可为35 ~ 55min。

（10）将不同粒径的CdTe量子点按照（1 ~ 5）∶11的体积比加入水性聚氨酯乳液A中，再加入2% ~ 5%的交联剂，最终得到所述疏水的水性荧光聚氨酯涂料。

原料介绍 所述端羟基聚硅氧烷分子量为3000 ~ 3500，硅氧烷分子量太大，会使乳液乳化困难，相分离严重，相同添加量时疏水性能变差；而分子量太小会严重降低膜的硬度，因此硅氧烷的分子量需控制在一定范围内。

所述催化剂为二月桂酸二丁基锡、辛酸亚锡中的至少一种。

所述二异氰酸酯为异佛尔酮二异氰酸酯（IPDI）、甲苯二异氰酸酯（TDI）、4,4 - 亚甲基 - 二苯基二异氰酸酯（MDI）、六亚甲基二异氰酸酯（HDI）、4,4 - 亚甲基 - 二环己基二异氰酸酯（H12MDI）中的至少一种。

所述聚合物多元醇的分子量可为1000 ~ 3000，可为聚丙二醇（PPG）、聚乙二醇（PEG）、聚四氢呋喃二醇（PTMG）、聚己二酸1,6 - 己二醇酯、聚碳酸酯、聚丁二烯二醇中的至少一种。

所述亲水扩链剂有磺酸型和羧酸型，可为1,2 - 二羟基 - 3 - 丙磺酸钠、二羟甲基丙酸、二羟甲基丁酸中的至少一种。

所述封端剂可为丙烯酸羟乙酯（HEA）、甲基丙烯酸羟乙酯（HEMA）中的至少一种，封端剂加入量为总制备原料的3% ~ 4.5%。

所述中和剂可为三乙胺、三乙醇胺、氢氧化钠、*N* - 甲基二乙醇胺、甲基丙烯酸、氨水中的至少一种。

所述含氟丙烯酸酯单体可为甲基丙烯酸十二氟庚酯、甲基丙烯酸三氟乙酯、丙烯酸*N* - 丙基全氟辛基磺酰胺基乙醇、甲基丙烯酸全氟辛基乙酯中的至少一种，这里优选甲基丙烯酸十二氟庚酯作为氟元素的载体，含氟丙烯酸酯单体加入量为总制备原料质量的6% ~ 10%。

所述自由基催化剂优选为过硫酸铵。

所述交联剂可为三羟甲基丙烷缩水甘油醚、聚氮丙啶、WT - 2102中的至少一种，这里优选聚氮丙啶交联剂，聚氮丙啶可以与亲水扩链剂上的羧基发生交联反应，因其交联固化速度快、使用方便、材料耐水性好等优势，目前应用最广，由于这种交联剂是在使用前加入，所以不会影响到无机荧光量子点在涂料中的荧光效率，并且量子点由于比较敏感，很容易被猝灭，经过试验测试，发现聚氮丙啶对量子点荧光强度的影响最小。

产品应用 本品主要是用在防伪标志、生物显影、生物检测、药物追踪、化学检测、荧光涂料等方面的一种荧光型水性聚氨酯涂料。

产品特性 本产品在水相的胶膜中依然具有较强的光致发光效应，使用时干燥时间短、疏水性能优异、硬度高、对基底的黏结性强。

配方 27 双重固化可剥离水性涂料

原料配比

<table>
<tr><th colspan="2" rowspan="2">原料</th><th colspan="3">配比（质量份）</th></tr>
<tr><th>1#</th><th>2#</th><th>3#</th></tr>
<tr><td colspan="2">UV 固化水性树脂</td><td>50</td><td>100</td><td>80</td></tr>
<tr><td>流平剂</td><td>BYK-346</td><td>0.05</td><td>0.1</td><td>0.06</td></tr>
<tr><td>润湿剂</td><td>NP-100</td><td>0.1</td><td>0.5</td><td>0.3</td></tr>
<tr><td rowspan="2">增稠剂</td><td>RM 825</td><td>1</td><td>—</td><td>2</td></tr>
<tr><td>RM-8W 水性非离子型缔合型流变改性剂</td><td>—</td><td>3</td><td>—</td></tr>
<tr><td>消泡剂</td><td>Nopco NXZ</td><td>0.2</td><td>1</td><td>0.6</td></tr>
<tr><td>成膜助剂</td><td>二丙二醇丁醚</td><td>2</td><td>5</td><td>3</td></tr>
<tr><td>光引发剂</td><td>水性光引发剂 819-DW</td><td>3</td><td>6</td><td>4</td></tr>
<tr><td rowspan="2">热引发剂</td><td>过氧化二苯甲酰</td><td>3</td><td>—</td><td>4</td></tr>
<tr><td>偶氮二异丁腈</td><td>—</td><td>6</td><td>—</td></tr>
<tr><td>防霉抗菌剂</td><td>XK-02B</td><td>0.1</td><td>0.3</td><td>0.2</td></tr>
<tr><td rowspan="2">水性剥离剂</td><td>二氧化硅分散液</td><td>10</td><td>—</td><td>16</td></tr>
<tr><td>有机硅乳液</td><td>—</td><td>20</td><td>—</td></tr>
<tr><td colspan="2">水</td><td>30</td><td>30</td><td>30</td></tr>
</table>

制备方法 按照配方，于高速分散机中加入部分润湿剂、消泡剂与水，经600～800r/min转速下分散15～20min，再加入水性剥离剂，经1600～2800r/min转速下分散30～50min后，将转速降至300r/min，加入UV固化水性树脂和剩余的消泡剂、润湿剂以及增稠剂、流平剂、成膜助剂、热引发剂、光引发剂、防霉抗菌剂，并搅拌均匀，继续分散5～10min，混合均匀后经过滤除去滤渣，即得到双重固化可剥离水性涂料。

产品应用 本品主要是一种双重固化可剥离水性涂料，具有环保、能彻底干燥且干燥时间相对较短、防锈效果好、剥离效果好的特点。

产品特性 本产品制备工艺简单，易控制，因此具有技术成熟、快速、高效等特点，且适于工业化生产。

配方 28 双组分水性羟基丙烯酸涂料

原料配比

<table>
<tr><th rowspan="2">原料</th><th colspan="5">配比（质量份）</th></tr>
<tr><th>1#</th><th>2#</th><th>3#</th><th>4#</th><th>5#</th></tr>
<tr><td>A 组分</td><td>1</td><td>1</td><td>1</td><td>1</td><td>1</td></tr>
<tr><td>B 组分</td><td>1</td><td>3</td><td>1.2</td><td>2.8</td><td>1</td></tr>
</table>

续表

原料		配比（质量份）				
		1#	2#	3#	4#	5#
A组分	改性羟基丙烯酸树脂	80	40	45	75	65
	水性羟基氟硅丙烯酸树脂	5	20	8	16	14
	水性纳米级氧化铝分散体	15	5	6	13	12
	水性纳米级二氧化硅分散体	5	10	6	9.6	6.8
	乙二醇乙醚乙酸酯	2	6	2.3	5	4.5
	流平剂BYK－306	3	1	1.2	2.6	2.6
	催化剂二月桂酸二丁基锡	0.2	0.8	0.3	0.75	0.45
	二甲苯	5	1	1.4	4	3.5
B组分	六亚甲基二异氰酸酯三聚体	10	20	15	18	16
	HDI缩二脲	5	1	1.2	4.5	3.5
	稀释剂	20	30	—	—	—
	丙二醇二乙酸酯	—	—	21	—	—
	3－乙氧基丙酸乙酯	—	—	—	28	—
	乙二醇丁醚乙酸酯	—	—	—	—	24
改性羟基丙烯酸树脂	二甲苯	—	—	20	40	35
	乙酸丁酯			7	1	6
	功能性聚酯树脂	—	—	2	6	4
	过氧化（2－乙基己酸）叔丁酯	—	—	0.5	0.1	0.25
	甲基丙烯酸甲酯	—	—	1	5	3.6
	甲基丙烯酸羟丙酯	—	—	6	2	4
	甲基丙烯酸羟乙酯	—	—	1	5	4
	丙烯酸羟乙酯	—	—	5	1	2.5
	偶氮二异丁腈	—	—	1	3	1.8
	石油树脂	—	—	2	8	5.5
	甲苯	—	—	5	1	2.6

制备方法 将A组分与B组分原料混合均匀即可。

原料介绍 所述改性羟基丙烯酸树脂的酸值为25～30mg KOH/g。

所述稀释剂为丙二醇二乙酸酯、3－乙氧基丙酸乙酯、乙二醇丁醚乙酸酯中的一种。

所述颜填料由金红石型钛白粉、超细滑石粉、超细沉淀硫酸钡、超细云母粉、有机颜料组成。

所述改性羟基丙烯酸树脂采用如下工艺制备：按上述质量份将二甲苯、乙酸丁酯、功能性聚酯树脂、过氧化（2-乙基己酸）叔丁酯混合搅拌；滴加甲基丙烯酸甲酯、甲基丙烯酸羟丙酯、甲基丙烯酸羟乙酯、丙烯酸羟乙酯、偶氮二异丁腈组成的混合液进行搅拌，滴加速度为0.1~0.5份/h，滴加完毕后，升温至100~115℃保温20~40min，继续加入石油树脂、甲苯搅拌1~4h，升温至130~150℃继续搅拌2~5h，过滤，得到改性羟基丙烯酸树脂。

产品应用 本品主要是一种双组分水性羟基丙烯酸涂料。

产品特性 本产品以改性羟基丙烯酸树脂、水性羟基氟硅丙烯酸树脂为基材。水性羟基氟硅丙烯酸树脂中，氟原子半径小、电负性强、碳氟键键能高，采用六亚甲基二异氰酸酯三聚体、HDI缩二脲协同固化后，涂膜具有极好的柔韧性，优良的耐水及耐化学腐蚀性；采用一定工艺制备的改性羟基丙烯酸树脂，采用不同的单体共聚，并用链转移剂对分子量调控，固体分高，黏度较低，漆膜的硬度、耐水性和耐化学腐蚀性均极好。当改性羟基丙烯酸树脂的酸值为25~30mg KOH/g时，与六亚甲基二异氰酸酯三聚体、HDI缩二脲的交联适中，涂膜耐水性及耐腐蚀性能优异。

配方29 水性氨基烘干涂料

原料配比

原料	配比（质量份）	
	1#	2#
水溶性羟基丙烯酸树脂	10	27
水溶性聚酯树脂	5	10
改性环氧树脂水分散体	5	10
改性氟碳树脂水分散体	5	7
水溶性六甲氧基甲基三聚氰胺树脂	2	3
水溶性脲醛树脂	1	2
水溶性甲氧基化苯代三聚氰胺甲醛树脂	2	3
着色颜料	4	7
防锈颜料	5	5
碳酸钙	1	10
pH调整剂	1	1.5
助溶剂	1	1.5
分散剂	1	2
基材润湿剂	1	2
增稠剂	1	2
消泡剂	1	2
流平剂	1	2

制备方法 分别称取各组分；将水溶性羟基丙烯酸树脂、水溶性聚酯树脂、改性环氧树脂水分散体、改性氟碳树脂水分散体、水溶性六甲氧基甲基三聚氰胺树脂、水溶性脲醛树脂、水溶性甲氧基化苯代三聚氰胺甲醛树脂、助剂按比例分别加入分散罐中，搅拌至均匀；向分散罐中加入无机填料、颜料，边搅拌边加料至均匀即可。

产品应用 本品主要是一种环保、高效的水性氨基烘干涂料。

产品特性 本产品涂料的有机挥发物含量可以控制在100g/L以下，与水性环氧底漆配套使用，在配套干膜厚度60μm情况下，耐盐雾性能超过800h，耐大气老化800h以上，可以防护基材10年以上。本涂料可通过配套试验与环氧富锌底漆、环氧底漆、醇酸底漆、酚醛底漆等各种底漆配套，并得到各自不同性能的配套涂层。

配方 30 水性丙烯酸树脂涂料

原料配比

原料	配比（质量份）					
	1#	2#	3#	4#	5#	6#
水性环氧改性丙烯酸树脂	35	40	36	30	34	32
玻璃微珠	12	10	14	15	13	11
硅氧烷偶联剂	2	3.5	4	3	2.4	2.5
金红石型纳米二氧化钛	4	2.5	1	2	3.5	3
聚羧酸盐	0.5	0.3	0.7	0.6	0.2	0.8
水	24	22	23	21	25	20
有机螯合物类防闪锈剂	0.3	0.5	0.7	0.4	0.6	0.8
聚酰胺蜡	1.2	1.5	1	2	1.6	1.4
水性聚氨酯	7	9	10	6	8	12
PCDL	9.5	8	8.5	10	0.8	9
多孔粉石英	15	13	11	14	12	10

制备方法

(1) 将多孔粉石英进行辊式破碎后过60目筛，然后加入搅拌球磨机中球磨60min，得到细度为800目的多孔粉石英粉备用，球磨时介质物料比为2∶1，矿浆浓度为65%，球磨介质为玻璃球；

(2) 将YDH550加入乙酸水溶液中，水解1h后得到改性溶液，将步骤（1）制得的多孔粉石英粉与等质量的氨水混合，调节pH值为8，110℃下预热3h脱除水分，加入改性溶液中，110℃下超声搅拌3h，移至烘箱中110℃下干燥5h，得到改性多孔粉石英备用；

(3) 按配方称取各组分，将填料、偶联剂、颜料、步骤（2）制得的改性多孔粉石英粉以及一半的溶剂混合，加热至60℃，800r/min速度下搅拌均匀后，用砂磨机研磨至细度≤30μm，得到混合料，将丙烯酸树脂、分散剂、防闪锈剂、防沉剂、水性聚氨酯、PCDL以及剩余的溶剂加入混合料中，加热至70℃，900r/min速度下搅拌均匀，得到水性丙烯酸树脂涂料。

原料介绍 所述丙烯酸树脂为水性环氧改性丙烯酸树脂。

所述填料为玻璃微珠或粉煤灰微珠。

所述偶联剂为硅氧烷偶联剂。

所述颜料为金红石型纳米二氧化钛。

所述分散剂为聚羧酸盐。

所述溶剂为水。

所述防闪锈剂为有机螯合物类防闪锈剂。

所述防沉剂为聚酰胺蜡。

产品应用 本品主要是一种水性丙烯酸树脂涂料，具有较好的耐冲击性、耐磨性和耐刮伤性。

产品特性

（1）PCDL是聚碳酸酯二醇的英文简写，其分子结构比较规整，不含有酯键，具有很好的弹性、柔韧性，与丙烯酸树脂基体可形成强度较好的共混，在涂料受到外力冲击时，柔性较好的PCDL分子链段可有效吸收消耗冲击能量，大大减少外力冲击对丙烯酸树脂基体造成的破坏，从而有效提高涂料的耐冲击性；此外，PCDL还有特别的弹性触感，在受到外力刮擦时会形成错位，避免涂料受到刮擦外力的直接作用，从而有效提高涂料的耐刮伤性。

（2）多孔粉石英是一种火山沉积岩，其硬度比丙烯酸树脂基体高很多，具有很好的耐磨性能，不过其表面极性较高，容易团聚，而且表面存在很多的羟基，导致其表面呈较强的亲水疏油性，使其在丙烯酸树脂基体中不能均匀分散，与基体之间的结合也较差，因而本产品通过YDH550对其进行改性，YDH550是γ-氨丙基三乙氧基硅烷的英文简写，其水解后产生了硅羟基，可与多孔粉石英表面的羟基发生键合反应，大大减少羟基数量，将多孔粉石英表面的亲水疏油性变成了疏水亲油性，使其能均匀分散于基体内并形成界面强度较高的结合，在涂料受到磨损作用时，基料受到的磨损被大大减少，取而代之的是多孔粉石英承受大部分磨损。

配方31 水性不粘杀菌涂料

原料配比

原料		配比（质量份）				
		1#	2#	3#	4#	5#
聚四氟乙烯乳液		600	700	620	670	650
丙烯酸乳液		80	150	100	140	120
聚硫酸铝		60	80	65	70	68
增稠剂	聚氨酯增稠剂	4	10	—	8	7
	纤维素增稠剂	—	—	5	—	—
有机铈催化剂		10	20	10	15	16
光催化剂二氧化钛		20	10	10	15	15

续表

原料		配比（质量份）				
		1#	2#	3#	4#	5#
纳米氧化银		10	20	20	15	15
二甲基乙醇胺		10	20	12	18	16
珠光粉		—	15	2	12	10
耐高温色粉	炭黑粉	—	60	—	—	—
	氧化铬绿色粉	—	—	10	—	—
	氧化铁红粉	—	—	—	25	—
	钴蓝粉	—	—	—	25	30
水		100	150	120	140	130

制备方法

（1）按上述配比，将聚四氟乙烯乳液、丙烯酸乳液投入反应缸中混合，使用水性漆专用喷射式搅拌头以300～350r/min的转速搅拌10～15min，得到预混合料Ⅰ；

（2）向预混合料Ⅰ中加聚硫酸铝、增稠剂、光催化剂二氧化钛、纳米氧化银，以500～600r/min的转速搅拌20～25min，得到预混合料Ⅱ；

（3）向步骤（2）得到的预混合料Ⅱ中加入珠光粉、耐高温色粉，调到所需颜色效果，以500～600r/min的转速搅拌10～15min，得到预混合料Ⅲ；

（4）向步骤（3）得到的预混合料Ⅲ中加入二甲基乙醇胺，调节涂料的体系酸碱度，以500～600r/min的转速搅拌10～15min，研磨至细度小于20μm，得到预混合料Ⅳ；

（5）向步骤（4）得到的预混合料Ⅳ中加入水，以500～600r/min的转速搅拌10～15min，调节涂料体系黏度，得到预混合料Ⅴ；

（6）将预混合料Ⅴ经过装有300目尼龙滤网的过滤袋进行过滤，过滤后即得到成品水性不粘杀菌涂料。

产品应用 本品主要是一种水性不粘杀菌涂料。

产品特性

（1）本产品采用聚四氟乙烯乳液配以聚硫酸铝和丙烯酸乳液组成主体树脂，提供优异的附着力、耐高温、耐磨、不粘性能。

（2）本产品配方添加纳米氧化银与光催化剂二氧化钛组合作杀菌剂，纳米氧化银可强效杀菌，光催化剂二氧化钛可以吸潮，还具有超强的氧化还原能力，可以有效杀死周围的细菌（大肠杆菌、金黄色葡萄球菌、盘尼西林葡萄球菌、霉菌等微生物），起到抗菌防霉的作用；纳米氧化银与光催化剂二氧化钛配合使用，杀菌效果好。

（3）本涂料选用耐高温色粉，并采用聚硫酸铝替换传统配方中的聚酰胺酰亚胺树脂（PAI）作为附着力催进剂（传统配方中高温烘烤后易发生黄变的聚酰胺酰亚胺树脂），与其他成分按比例配合，使其固化后漆膜抗裂，耐高温且不变色，改善高温黄变产生色差的现象，可调制多种颜色。

（4）用二甲基乙醇胺调节配方的酸碱度，维持涂料的整体平衡。

（5）本产品的不粘性能优异，杀菌率高，空气净化性能优秀，还具有很好的耐黄变性能。此外，本产品综合性能极佳，对施工环境适应能力强，减少了调温调湿设备投入，降低了施工能耗。

配方 32 水性醇酸涂料

原料配比

原料	配比（质量份）	
	1#	2#
水溶性豆油脂肪酸改性醇酸树脂	10	27
水溶性聚氨酯改性醇酸树脂	5	10
改性环氧酯树脂水分散体	7	13
改性酚醛树脂水分散体	7	11
颜料	9	6
碳酸钙	1	15
着色颜料	4	5
防锈颜料	5	10
pH 调整剂	1	1.5
助溶剂	1	1.5
分散剂	1	2
基材润湿剂	1	2
增稠剂	1	2
消泡剂	1	2
流平剂	1	2
水性催干剂	1	2

制备方法 分别称取水溶性豆油脂肪酸改性醇酸树脂、水溶性聚氨酯改性醇酸树脂、改性环氧酯树脂水分散体、改性酚醛树脂水分散体、助剂，按比例分别加入分散罐中，搅拌至均匀；向分散罐中加入无机填料、颜料，边搅拌边加料至均匀即可。

原料介绍 所述颜料包含着色颜料和防锈颜料。所述无机填料为碳酸钙、粉煤灰中的一种或其混合物。

所述助剂包含 pH 调整剂、水性催干剂、助溶剂、分散剂、基材润湿剂、增稠剂、消泡剂、流平剂。

产品应用 本品主要是一种环保且耐水性、耐腐蚀性强的水性醇酸涂料。

产品特性 本产品的有机挥发物含量可以控制在 100g/L 以下，与水性环氧底漆配套使用，在配套干膜厚度 60μm 情况下，耐盐雾性能超过 800h，耐大气老化 800h 以上，可以防护基材在 10 年以上。本涂料可通过配套试验与环氧富锌底漆、环氧底漆、醇酸底漆、酚醛底漆等各种底漆配套使用，并得到各自不同性能的配套涂层。

配方 33 水性防腐蚀性涂料

原料配比

原料		配比（质量份）		
		1#	2#	3#
水性环氧树脂乳液		60	75	68
颜填料		28	24	20
成膜助剂乙二醇		3	1	2
流平剂聚丙烯酸		3	4	2
消泡剂磷酸三丁酯		3	4	5
增稠剂羟甲基纤维素		1.1	0.5	1.5
分散剂六偏磷酸钠		1	2	3
水		8	10	5
固化剂二氨基二苯基甲砜 DDS		35	40	30
颜填料	氧化铁红	1	1	1
	磷酸锌	1	1	1

制备方法

（1）颜填料的预分散：向搅拌罐中加入水，然后开启电机，在搅拌下加入颜填料，然后提高高速分散机的转速为2500～3000r/min，制得湿润和预分散的颜填料；

（2）颜填料的研磨分散：将步骤（1）中制得的湿润和预分散的颜填料导入砂磨罐中，并加入玻璃微珠，盖上砂磨罐盖子，开动电机研磨至细度合适，然后将研磨后的颜填料用网筛过滤掉玻璃微珠，备用；

（3）制漆：先向高速分散机的搅拌罐中加入水，在200～350r/min低速条件下加入成膜助剂、增稠剂、分散剂、消泡剂进行搅拌，待搅拌均匀后加入步骤（2）中研磨分散好的颜填料，提升转速至500～600r/min，搅拌10～20min，然后调节转速至300～400r/min，并加入水性环氧树脂乳液，搅拌10～15min，搅拌均匀后加入流平剂，最后通过水调节涂料的黏度制得水性涂料；

（4）过滤包装及使用：将制备的水性涂料用网筛再次过滤，之后用大玻璃烧杯及保鲜膜密封备用，在基材上进行施工时，将固化剂与储存的水性涂料混合使用，在室温条件下干燥固化。

原料介绍 所述固化剂为二亚乙基三胺、间苯二胺、酚醛改性胺或二氨基二苯基甲砜 DDS 中的一种。

所述水性环氧树脂乳液的制备具体如下：将 E－51 型环氧树脂倒入 1000mL 的烧杯中，并水浴加热到 70～80℃，然后放入超声仪中，在 5000～6000r/min 高剪切机下加入乳化剂 OP－10、聚氧乙烯失水山梨醇单月桂酸酯、十二烷基硫酸钠以及丙二醇甲醚，反应 5～8min 后开始滴加热水，并保持烧杯内的温度在 70～85℃，转相时停止滴加热水，高速剪切10～15min后滴加热水，滴水后再高速剪切15～25min，制得水性环氧树脂乳液待用。

产品应用 本品主要是一种水性防腐蚀性涂料。

产品特性

（1）本产品在制备过程中，加料顺序为先将水倒入高速分散机的搅拌罐中，在低速条件下依次加入成膜助剂、增稠剂、分散机、消泡剂，搅拌后加入颜填料，这种方式结合了每种助剂之间的相互工作，使其发挥到最大的效果，不会导致助剂之间相互抑制，降低涂料的表面张力，提高涂料对基材的润湿度，从而提高涂料和基材表面的黏结效果。

（2）本产品通过超声波转相乳化制备水性环氧树脂乳液，这种方法所制备出的乳液稳定性较好，在超声波条件下制备的环氧乳液的平均粒径比未超声条件下制备的环氧乳液的粒径小、分布窄。

（3）以环氧乳液为基料、氧化铁红和磷酸锌为颜填料制备水性防腐涂料，制备出的涂料防腐性能好，硬度可达3H。

（4）本产品中以水代替有机溶剂作为分散介质，具有无毒、不燃、节能、环保、操作加工方便等优点。

配方34 水性防静电防腐隔热涂料

原料配比

原料		配比（质量份）		
		1#	2#	3#
A组分	水	15	12	5
	分散剂	0.5	0.7	0.5
	润湿剂	0.2	0.25	0.25
	消泡剂	0.3	0.4	0.4
	流平剂	0.3	0.4	0.5
	防霉剂	0.2	0.2	0.2
	pH调节剂	0.15	0.15	0.15
	金红石型钛白粉	10	7	5
	磷酸铝锌	15	12	10
	导电钛酸钾纤维	10	7	5
	石墨烯浆料	7	14	20
	羟基丙烯酸分散体	20	30	40
	改性聚酯分散体	20	15	10
	成膜助剂	1	1.5	2
	增稠剂	0.5	0.7	0.8
B组分	氨基磺酸盐改性HDI异氰酸酯	12	15	16
A组分:B组分		100:12	100:15	100:16

制备方法

（1）制备3%石墨烯水性浆：按上述配比，将分散剂、润湿剂、消泡剂、多功能胺助剂加入水96份中，搅拌分散均匀，缓慢加入石墨烯粉3份，分散均匀后超声波振荡0.5h，然后再经纳米研磨机研磨制备成3%石墨烯浆料。

（2）A组分的制备：按上述配比，将水加入分散罐中，中速搅拌下加入分散剂、润湿剂、消泡剂、流平剂、防霉剂、pH调节剂、金红石型钛白粉、磷酸铝锌、导电钛酸钾纤维，高速分散30min，经研磨细度达到30μm的颜料浆；将上述颜料浆加入调漆罐中，中速搅拌下加入石墨烯浆料、羟基丙烯酸分散体、改性聚酯分散体、成膜助剂、消泡剂、增稠剂，搅拌20min，过滤、包装。

（3）B组分的制备：将氨基磺酸盐改性HDI异氰酸酯单独包装待用。

（4）施工时，按质量份A组分:B组分=100:(15~16)混配。

产品应用 本品主要是一种水性防静电防腐隔热涂料。

产品特性 本产品涂膜兼具优异的导静电性、防腐蚀性、热辐射隔热性、耐候性及突出的物化性。

配方35 水性红外光固化涂料

原料配比

原料		配比（质量份）		
		1#	2#	3#
混合粉末	艾草	100	110	120
	红花	80	130	150
	姜黄	120	125	135
80%乙醇溶液		1000（体积份）	1050（体积份）	1100（体积份）
混合粉末提取物2	混合粉末	1	1	1
	水	5	8	10
浓缩液		1（体积份）	3（体积份）	5（体积份）
水性固化涂料		1000（体积份）	1000（体积份）	1000（体积份）

制备方法

（1）取100~120g艾草、80~150g红花和120~135g姜黄，放入清水中，反复揉搓，洗去表面污物后，放在阳光下翻晒，直至混合物含水量为1%~2%时，停止翻晒，倒入粉碎机中，粉碎后过100~105目筛，得混合粉末；

（2）将上述得到的混合粉末放入2L的烧杯中，并向其中加入1000~1100mL80%的乙醇溶液，混合均匀后，置于超声振荡仪中，在超声频率为20~30kHz，超声功率为100~120W的条件下振荡反应1~1.5h，过滤去渣，得滤液，之后将得到的滤液放入索式抽提器中，抽提35~45min，收集滤液抽提液，移入蒸馏装置，在65~75℃下加热35~45min，蒸馏去除乙醇，得混合粉末提取物1；

（3）将上述步骤（1）制得的混合粉末放入2L的烧杯中，按料液比为(1:5)~

(1∶10)，向烧杯中加入水，充分混合均匀，放置在摇床上，振荡反应20～30min后，将混合物采用间歇微波提取法进行微波提取，设置微波功率为200～250W，微波提取时间为1～2h，提取次数为1～3次，待微波提取结束，将提取混合物取出，放入离心机中，在1000～1200r/min的转速下离心处理20～25min，去渣，留液，得混合粉末提取物2；

(4) 将上述步骤(1)制得的混合粉末装入CO_2超临界萃取料罐中，启动高压泵，在30～40℃下向CO_2超临界萃取料罐中以5～8L/h的流速注入高压CO_2气体，随后提升萃取料罐内压力至30～35MPa，温度至35～45℃，萃取2～3h，待萃取结束，分离萃取相，得到混合粉末提取物3；

(5) 将上述步骤(2)得到的混合粉末提取物1、上述步骤(3)得到的混合粉末提取物2和上述步骤(4)得到的混合粉末提取物3充分混合均匀，倒入浓缩罐中，降低罐内压力为1000～1100Pa，减压浓缩至浓缩罐内液体体积为原有体积1/3～1/2时，停止浓缩得浓缩液；

(6) 在常温下，按体积比(1∶1000)～(5∶1000)，将上述得到的浓缩液加入水性固化涂料中，充分混合均匀，即可得到一种水性红外光固化涂料。

产品应用 本品主要用于塑料、木器、玻璃以及金属的涂装保护。

应用方法：将本产品装入喷枪中，采用喷涂的方法，均匀喷涂在玻璃表面，喷涂时控制喷涂厚度为10～15μm，常温固化时间控制5～8h，即可。经喷涂后的玻璃与未喷涂水性红外光固化涂料的玻璃相比，耐磨度提高了75%，避免玻璃受到损坏，可以大规模进行应用。

产品特性

(1) 本产品将艾草、红花以及姜黄为原料，纯天然提取，对于环境无污染，且制得的水性红外光固化涂料无毒无害，符合当今环保的要求；

(2) 本产品在固化的过程中无须高温操作，避免固化后因高温而导致产品颜色变深、色差严重的问题；

(3) 本产品制得的水性红外光固化涂料附着力强、耐磨性强。

配方36 水性环保仿瓷釉塑胶涂料

原料配比

原料		配比(质量份)		
		1#	2#	3#
水性丙烯酸乳液	杂化交联接枝丙烯酸乳液	30	—	30
	有机硅接枝乳液	—	25	—
水性硅溶胶		10	15	10
水性无机二氧化硅纳米分散体		35	40	35
润湿分散剂		0.1	0.2	0.3
硅烷	乙烯基三甲氧基硅烷	3	3	—
	苯基三乙氧基硅坑	—	—	5

续表

原料		配比（质量份）		
		1#	2#	3#
胺中和剂		0.1	0.2	0.3
无铅颜料	金红石型钛白粉	10	—	—
	立德粉	—	8	—
	硫酸钡	—	—	8
消泡剂	水性非硅酮脂肪酸聚合物	0.1	—	—
	改性聚丙烯酸聚合物	—	0.2	—
	改性聚硅氧烷	—	—	0.1
流平剂	氟改性聚丙烯酸酯共聚物	0.2	—	—
	水性丙烯酸酯共聚物	—	0.1	—
	聚醚改性聚硅氧烷聚合物	—	—	0.2
增稠剂	非离子型聚氨酯增稠剂	0.5	0.3	0.6
紫外线吸收稳定剂	苯并三唑类紫外线吸收稳定剂	0.3	0.3	0.3
防霉抗菌剂	二硫代水杨胶型防霉抗菌剂	0.3	0.2	0.2
成膜助剂	丙二醇丁醚	1.5	—	—
	二丙二醇甲醚	—	1	2
水		10	7.5	8

制备方法 将水性无机二氧化硅纳米分散体滴加到水性丙烯酸乳液中，搅拌分散15～30min，再将占水总质量的5%的水加入分散缸中，在300～400r/min的转速下搅拌20～30min，然后加入剩下的水组分，再加入水性硅溶胶、消泡剂、流平剂、增稠剂、紫外线吸收稳定剂，在600～800r/min的转速下加入防霉抗菌剂和成膜助剂，继续分散25～40min，测得黏度为（35±2）s后过滤后出料，即得到水性环保仿瓷釉塑胶涂料。

原料介绍 所述丙烯酸乳液为杂化交联接枝丙烯酸乳液或有机硅接枝乳液的一种或其组合。

所述硅溶胶为酸性硅溶胶，硅溶胶粒子比表面积为40～50m^2/g，硅溶胶粒子颗粒粒径范围为5～100nm。

所述润湿分散剂为六偏磷酸钠类润湿剂。

所述硅烷为乙烯基三乙氧基硅烷、乙烯基三甲氧基硅烷、苯基三乙氧基硅烷的一种或其组合。

所述胺中和剂为二乙醇胺、三乙醇胺、氨基甲基丙醇的一种或其组合。

所述无铅颜料为钛白粉、立德粉、氧化锌或硫酸钡中的一种或几种。

所述消泡剂为水性非硅酮脂肪酸聚合物、改性聚丙烯酸聚合物、聚氧乙烯醚或改性聚硅氧烷中的一种或其组合。

所述流平剂为水性丙烯酸酯共聚物、氟改性聚丙烯酸酯共聚物或聚醚改性聚硅氧烷聚合物中的一种或其组合。

所述增稠剂为非离子型聚氨酯增稠剂。

所述紫外线吸收稳定剂为苯并三唑类紫外线吸收稳定剂。

所述防霉抗菌剂为二硫代水杨胶型防霉抗菌剂。

所述成膜助剂为丙二醇丁醚、二丙二醇甲醚中的一种或其组合。

所述水为去除杂质的自来水。

所述水性无机二氧化硅纳米分散体按照以下制备工艺制得：依次加入水、硅粉和润湿分散剂搅拌均匀，高速分散25~40min，开启纳米研磨机，进行循环研磨，研磨时间大约为13~15h，得到固含量为15%~30%、中位粒径在40~80nm水性纳米浆料，然后加入胺中和剂，调节纳米二氧化硅分散体的pH值小于7，然后升温到40~50℃，开始滴加预先计量的硅烷，以10~20滴/min的速率滴完毕，保持反应温度在40~90℃，恒温反应2~5h，然后保温反应25~40min，停止加热，降温冷却，即可获得水性无机二氧化硅纳米分散体。

产品应用 本品主要是一种水性环保仿瓷釉塑胶涂料，能在被涂覆基材表面形成有效保护，装饰性强、能耗低、防火阻燃且使用寿命长。

产品特性 本产品采用水性丙烯酸乳液，协同其他组分，可以有效提高被涂覆基材表面涂层漆膜的连整性、耐水性和耐沾污性，效果明显优于普通的水性塑胶涂料，而且，利用丙烯酸的柔韧性，可以实现在各种形状材质表面以滚涂、淋涂、喷涂、刮涂、刷涂、浸涂等方式施工。

配方37 水性环氧树脂涂料

原料配比

原料	配比（质量份）						
	1#	2#	3#	4#	5#	6#	7#
水	320	300	340	320	320	320	320
环氧树脂	230	220	240	230	230	230	230
磷酸	2	1	3	2	2	2	2
甲基丙烯酸乙酯	14	12	16	14	14	14	14
丙烯酸丁酯	10	8	12	10	10	10	10
苯乙烯	13	11	15	13	13	13	13
丙烯腈	2	1	3	2	2	2	2
丙烯酸	5	3	7	5	5	5	5
过氧化苯甲酰	5	4	6	5	5	5	5
环己酮	30	25	35	30	30	30	30
正丁醇	45	40	50	45	45	45	45
乙二醇单甲醚	25	20	30	25	25	25	25

续表

原料		配比（质量份）						
		1#	2#	3#	4#	5#	6#	7#
N-羟甲基丙烯酰胺		3	2	4	3	3	3	3
N, N-二甲基乙醇胺			1	3	2	2	2	2
三乙醇胺和十四烷醇聚氧乙烯醚		5	4	6	5	5	5	5
三乙醇胺和十四烷醇聚氧乙烯醚	三乙醇胺	4	3	5	3	5	2	6
	十四烷醇聚氧乙烯醚	1	1	1	1	1	1	1

制备方法

（1）将环氧树脂放于反应瓶中，加入环己酮、正丁醇、乙二醇单甲醚混合溶剂，搅拌升温至混合物呈透明状；

（2）在100～110℃恒温，滴加磷酸，0.5h滴完；

（3）回流3～4h，使磷酸与相应的环氧基团反应完全；

（4）降温至90～95℃，滴加丙烯酸、甲基丙烯酸乙酯和丙烯酸丁酯，1h滴完，恒温回流2～3h；

（5）降温至80～85℃，滴加苯乙烯、丙烯腈、过氧化苯甲酰、三乙醇胺和十四烷醇聚氧乙烯醚，再滴加内交联固化剂N-羟甲基丙烯酰胺，恒温反应1.5～2.5h；

（6）降温至55～65℃，加入N, N-二甲基乙醇胺，用水稀释即得。

产品应用 本品主要是一种水性环氧树脂涂料。

产品特性 本产品具有优异的耐水性、耐盐雾性、耐酸性和耐碱性；本产品提供的制备方法条件温和，工艺简单。

配方38 水性聚氨酯反射隔热涂料

原料配比

原料		配比（质量份）		
		1#	2#	3#
A组分	水性多羟基丙烯酸树脂	52.0	56.0	61.0
	高近红外反射白颜料	15.5	13.0	12.0
	二氧化硅气凝胶	2.0	1.8	2.1
	高发射率填料	8.0	7.2	5.4
	高近红外反射黄颜料	1.5	0.8	—
	高近红外反射棕颜料	1.0	—	—
	高近红外反射红颜料	—	1.6	1.0
	高近红外反射蓝颜料	—	2.4	1.0
	高近红外反射黑颜料	—	—	1.1
	水	16.2	13.0	12.4
	助剂	3.8	4.2	4.0

续表

原料		配比（质量份）		
		1#	2#	3#
B组分	基于HDI的水性脂肪族聚异氰酸酯	75	75	75
	丙二醇甲醚乙酸酯	25	25	25
A组分:B组分		7.1:1	6.5:1	6.0:1

制备方法

（1）烘干处理：将高近红外反射白颜料、高发射率填料、高近红外反射黄颜料、高近红外反射棕颜料、高近红外反射红颜料、高近红外反射蓝颜料、高近红外反射黑颜料、二氧化硅气凝胶及填料分别放入各自的烘箱中进行烘干，烘箱的温度控制在(110±5)℃，烘干的时间控制在2~12h，待自然冷却后分别袋装密封备用并做对应的标志。

（2）A组分制备：根据上述质量份配比，将水性多羟基丙烯酸树脂、助剂和部分水加入高速分散机中，高速分散机的线速度控制在1.5~2.5m/s，分散搅拌的时间控制在5~45min，之后加入高近红外反射白颜料、高近红外反射黄颜料、高近红外反射棕颜料、高近红外反射红颜料、高近红外反射蓝颜料、高近红外反射黑颜料、二氧化硅气凝胶及填料，以3.5~5m/s的线速度分散搅拌15~60min，待分散均匀后再采用砂磨研磨0.5~4h至粒度40μm以下，将剩余部分水调节A组分的黏度，经过滤包装后制备出A组分。

（3）B组分制备：根据上述质量份配比，将基于HDI的水性脂肪族聚异氰酸酯和丙二醇甲醚乙酸酯混合均匀即可制备出B组分。

（4）A组分和B组分的勾兑方式为A组分:B组分=（4~10）:1，按此勾兑比例混合均匀即可制备出水性聚氨酯反射隔热涂料。

原料介绍 所述高近红外反射白颜料是磷酸锌钠、二氧化钛中的任一种，或是其两种。

所述填料是碳化硅、二氧化锆、石灰石、石膏中的任一种或几种。

所述高近红外反射黄颜料是铋、锌、磷混合氧化物 $Bi_2O_3-ZnO-P_2O_5$。

所述高近红外反射棕颜料是锰、锌、磷混合氧化物 $MnO_2-ZnO-P_2O_5$。

所述高近红外反射红颜料是铁、锌、磷混合氧化物 $Fe_3O_4-ZnO-P_2O_5$。

所述高近红外反射蓝颜料是钴、锌、磷混合氧化物 $CoO-ZnO-P_2O_5$。

所述高近红外反射黑颜料是铜掺杂磷酸锌钠 $NaZn(Cu)PO_4$。

所述助剂中分散剂是BYK-190，消泡剂是BYK-028、BYK-019中的任一种，润湿流平剂是BYK-345。

所述基于HDI的水性脂肪族聚异氰酸酯是基于六亚甲基二异氰酯的水性脂肪族聚异氰酸酯。

产品应用 本品主要用于建筑、船舶、石化储罐和机车等暴露部位，还可推广应用到厂房、化工容器、钢结构、地坪及上层建筑等领域。

产品特性 本产品具有较低的热导率和高的近红外反射率及中远红外发射率，降温效果明显。

配方 39 水性聚氨酯涂料

原料配比

原料			配比（质量份）				
			1#	2#	3#	4#	5#
A 组分	硅丙乳液		25	37	42	35	38
	阴离子水性氟碳树脂		35	11	18	25	27
	阴离子水性环氧树脂		6	12.5	5	5	3
	分散剂		0.6	0.4	0.3	0.4	0.5
	消泡剂		0.2	0.2	0.1	0.15	0.3
	流平剂		0.3	0.2	0.3	0.15	0.3
	防腐剂		0.1	0.2	0.1	0.1	0.1
	增稠剂		0.4	0.4	0.4	0.5	0.5
	防划伤助剂		0.3	0.1	0.2	0.2	0.2
	成膜助剂	异丙醇	1.5	2.5	2.5		1.8
		丙二醇二甲醚	1.0	1.0	—	2.5	1.0
	颜填料	三聚磷酸铝	—	7.0	5	—	—
		钛白粉	10	10	10	10	10
		硅石灰粉	10	—	—	—	—
		超细滑石粉	10	—	—	—	5
		超细云母粉	—	10	10	12	15
		超细硫酸钡	—	—	6	9	—
	合计		100.4	92.5	99.9	100	102.7
B 组分	自乳化型异氰酸酯固化剂		11	8	8	10	9

制备方法

（1）按照上述配比称取硅丙乳液、阴离子水性氟碳树脂、阴离子水性环氧树脂、分散剂、消泡剂、流平剂、防腐剂、增稠剂、防划伤助剂、成膜助剂和颜填料；

（2）将硅丙乳液、阴离子水性氟碳树脂和阴离子水性环氧树脂混合均匀，得到混合乳液；

（3）将分散剂、消泡剂、流平剂、防腐剂、增稠剂、防划伤助剂、成膜助剂和颜填料依次加入混合乳液中，分散均匀后进行研磨，研磨至细度小于 30μm，得到 A 组分；

（4）按照上述配比称取 A 组分和 B 组分；

（5）将 A 组分和 B 组分混合均匀，制得水性聚氨酯涂料。

原料介绍 所述阴离子水性氟碳树脂为市售商品，型号为 SD－568。

所述阴离子水性环氧树脂为市售产品，型号为 TJ157－70 和/或 TJ153－70。

所述硅丙乳液为市售产品，型号为 SD－528。

所述分散剂为 BYK－184 分散剂，所述消泡剂为 BYK－036 消泡剂，所述流平剂为 FM－307 流平剂，所述增稠剂为罗门哈斯 RM－8W 增稠剂，所述防划伤助剂为道康宁 DC－51 防划伤助剂，所述防腐剂为罗门哈斯 KATHON LXE 防腐剂，所述成膜助剂为丙二醇二甲醚和异丙醇中的一种或者两种的组合。

所述颜填料为钛白粉、三聚磷酸铝、炭黑、柠檬铬黄、超细滑石粉、超细硫酸钡、超细云母粉、硅石灰粉中的任意一种或者任意几种的组合。

所述 B 组分为德国拜耳公司产品，型号为 3100。

产品应用 本品主要用于水性木器涂料、水性金属涂料、水性塑胶涂料及其他各种涂料。

产品特性 本产品制备的涂料储存稳定性，干燥成膜后，其柔韧性好，附着力大，硬度高，而且具有良好的耐冲击性、耐水性、耐盐水性、耐盐雾性、耐人工老化性、耐洗刷性和耐酒精性，因此，本涂料具有节省资源、无污染、安全可靠和防护性好等优点。

配方 40 水性聚酯涂料

原料配比

原料		配比（质量份）	
		1#	2#
水性聚酯树脂	新戊二醇	26.9	25
	三羟甲基丙烷	2	2
	二羟甲基丙酸	3.8	5.8
	间苯二甲酸	31.6	34.5
	己二酸	8.3	5.4
	二月桂酸二丁基锡	0.1	0.1
	乙二醇丁醚	27.3	27.2
水		37	39.3
二甲氨基乙醇		3	2.8
水性聚酯树脂		50	46.3
氨基树脂		10	11.6

制备方法

（1）熔融缩聚法制备水性聚酯树脂：在装有分水器、球形冷凝管的三口烧瓶中加入新戊二醇、三羟甲基丙烷、二羟甲基丙酸、间苯二甲酸、己二酸和催化剂，置入电热套中加热搅拌，进行熔融缩聚；反应条件为在 165～185℃保持 2～2.5h 进行一段聚合，在 200～210℃保持 2～3h 进行二段聚合，反应过程中用分水器除去酯化反应生成的水。二段聚合结束后，将反应混合物冷却降温至 80～90℃后加入乙二醇丁醚，搅拌混匀即可得到水性聚酯树脂。

（2）制备目标产品：将计量要求的水、二甲氨基乙醇混匀后，加入（1）所制备的水性聚酯树脂，搅拌均匀后加入氨基树脂，再次搅拌均匀，静置脱泡，得到水性聚酯涂料。

产品应用 本品是一种工艺简单、节能环保、性能优良的水性聚酯涂料。

使用方法：将本品刮涂或刷涂在马口铁片上，室温放置 4h 后，置入 150℃烘箱保持1h，便可在马口铁片上形成光泽性好、丰满度高的聚酯漆膜。

产品特性 本产品利用常压熔融缩聚法制备水性聚酯，无须毒性较大的二甲苯作为溶剂或者带水剂，避免了生产过程因二甲苯挥发带来的环境污染和对操作人员的危害，同时也免除了溶剂脱除工序，使水性聚酯合成工艺简化。本产品采用的两段聚合工艺合成水性聚酯方法，反应温度较低、条件较为温和，能够避免高温使单体、聚合产物发生氧化，免除了需要向反应系统通入氮气进行保护的麻烦；同时也避免了高温和通入氮气使单体原料馏出，造成物料配比不准、产品性能不稳定。因此本产品的制备方法具有工艺简单、操作方便、成本低、漆膜性能优良的优点。

配方 41 水性抗结冰涂料

原料配比

原料		配比（质量份）		
		1#	2#	3#
水溶性改性淀粉树脂	N, N-二甲基双丙烯酰胺	10	—	10
	羟甲基丙烯酰胺	—	10	—
	丙烯酰胺	20	20	20
	水溶性淀粉	80	80	90
	丙烯酸	25	25	25
	过硫酸铵	5	5	5
	水	80	80	100
	丙二醇甲醚	10	10	10
	乙二醇丁醚	10	10	10
水性树脂	水溶性改性淀粉树脂	22.5	25	30
固化剂	聚合度为2~50的聚合甘油	3	—	—
	三羟甲基丙烷	—	3	—
	季戊四醇	—	—	4
功能填料	纳米二氧化硅	—	30	—
	硅酸钠	30	—	—
	钛白粉	—	—	28
助剂	消泡剂	—	0.1	—
	水性流平剂	0.1	—	0.15
助溶剂	乙二醇甲醚	—	15	—
	乙二醇丁醚	—	—	10
	甲醇	15	—	—
水		29.4	29.4	27.85

制备方法　按上述配比，将水溶性改性淀粉树脂、固化剂、功能填料、助剂、助溶剂以及水依次加入容器中，搅拌均匀，用 pH 调节剂将 pH 值调为 9～12，连续搅拌 1.5h 以上，得到水性抗结冰涂料。

原料介绍　所述固化剂与所述水性树脂的固含量比值为（1∶1）～（9∶1），所述水性树脂为改性丙烯酸树脂、水溶性改性淀粉树脂、聚乙二醇及其衍生物、聚丙二醇及其衍生物、聚乙烯吡咯烷酮及其衍生物、聚乙烯醇及其衍生物、水性环氧树脂、水性聚氨酯树脂、水性环氧丙烯酸乳液中的至少一种；所述固化剂为含氮衍生物、多羟基醇、水溶性氨基树脂中的至少一种。

所述功能填料可以是与树脂反应型的填料，也可以是非反应型的惰性填料，反应型的填料为硅酸钠、铝溶胶、硅溶胶、二氧化钛溶胶中的至少一种，非反应型的惰性填料为纳米二氧化硅、超细滑石粉、钛白粉、碳纳米管、氧化石墨烯中的至少一种。

所述助剂为抗菌剂、水性流平剂、润湿剂、分散剂、流变剂、消泡剂、偶联剂中的至少一种。

所述含氮衍生物包括具有 β－羟烷基酰胺结构式的物质。

所述多羟基醇包括聚合度为 2～50 的聚合甘油、三羟甲基丙烷及二聚体、季戊四醇及二聚体中的至少一种。

所述水性流平剂为烷基酚聚氧乙烯醚、烷基酚聚氧乙烯磺酸盐或硫酸盐、烷基二苯醚磺酸盐或硫酸盐、烷基苯磺酸盐或硫酸盐、烷基磺酸盐或硫酸盐、脂肪醇聚氧乙烯醚中的至少一种。

所述助溶剂为甲醇、乙醇、异丙醇、乙二醇甲醚、乙二醇乙醚、乙二醇丁醚、丙二醇甲醚、丙二醇乙醚、二乙二醇乙醚、二乙二醇丁醚中的至少一种。

所述水溶性改性淀粉树脂的制备步骤：将 80～100 质量份的至少一种可溶性淀粉、25～50 质量份的至少一种含有一个双键的水溶性酸（盐）单体、3～20 质量份的至少一种含有一个双键的水溶性羟基单体、20～50 质量份的含有一个双键的水溶性含氮单体、5～10 质量份的至少一种含有两个双键的水溶性交联单体以及80～120 质量份的水混合，在 50～80℃的温度环境下搅拌 1h，再用 5～10 质量份的至少一种水溶性热引发剂滴加 2h，保温 1～10h 得到所述水性改性淀粉树脂。

产品应用　本品主要是一种水性抗结冰涂料。

水性抗结冰涂料在铝箔中的应用：采用辊涂将制备的水性抗结冰涂料涂覆于经过钝化处理的铝箔表面上，在金属板温为 210℃时固化 20s 即得到具有抗结冰功能的亲水铝箔。

产品特性　本产品抗结冰性能强，持续抗结冰效果显著。而且，在环境温度负 10～负 5℃，相对湿度 30%～85% 的条件下，基材表面温度为负 15～0℃情况下，能有效延缓和抵抗表面结冰/霜。尤其是应用于铝箔时可以解决冬季暖房工作过程中空调室外机散热器铝翅片结冰/霜的难题。采用无机有机杂化体系，涂层具有良好的力学性能，能够满足空调铝箔后道加工的需要。本品具有良好的基材附着力，满足涂层长效性需求。

配方 42　水性纳米无机耐高温涂料

原料配比

原料		配比（质量份）		
		1#	2#	3#
水性磷酸铝		100	80	80
水		20	120	100
润湿流平剂	BYK-375	0.2	—	—
	Tego Wet 270	—	0.2	—
	Zonyl FSJ	—	—	0.2
防沉剂	膨润土 M-5	—	5	5
无机颜填料	硅微粉（5~10μm）	—	50	50
	云母粉	—	100	100
	三氧化二铝（10~50μm）	—	10	—
	氧化铁红色粉或色浆	—	—	5

制备方法　称取各个组分，在分散桶中加入称取的水性磷酸铝和水和润湿流平剂，高速分散10min，再加入除无机盐填料的其他组分，高速分散20min，再经砂磨机研磨至所需细度，加入无机盐填料色浆，分散5min，真空脱泡，测试，出料。

产品应用　本品主要是一种基于水性纳米的无机耐高温涂料。

产品特性　本产品提供的技术方案以水为稀释剂，完全不使用有机溶剂，环保无毒；采用耐高温的无机颜填料来着色和调整性能，使用范围广泛，如烘箱内部、烤箱、烤炉、高温管道、烟囱等民用领域，航空、航天等军工领域；并且其生产工艺均为常规方法，简单、成熟、易于控制和操作。

配方 43　水性双液型聚氨酯涂料

原料配比

原料		配比（质量份）					
		1#	2#	3#	4#	5#	6#
A 组分	聚碳酸酯二元醇	57	55	60	65	64	63
	钛白粉	11	15	13	10	12	14
	丙烯酸酯型流平剂	2	2.2	2.4	2.1	2.3	2.5
	聚醚改性有机硅消泡剂	2	1.8	1.6	107	1.9	1.5
	纤维素类增稠剂	2.4	2.8	2	2.5	3	2.7
	水	12	14	16	15	11	13
	改性铜粉	6.5	5	7	5.5	6.6	6
B 组分	IPDI	91.5	90	92	90.5	91	91.1
	三亚乙基二胺	2.1	2	2.5	2.8	2.4	3
A 组分:B 组分		3:1	3:1	3:1	3:1	3:1	3:1

制备方法

（1）将铜粉加入盐酸溶液中，搅拌均匀后超声分散4h，抽滤后用水洗涤至中性，真空烘干后加入水中，搅拌均匀后加入十八烷基三甲基氯化铵，加热至70℃，搅拌反应2h，减压抽滤后用水反复洗涤，真空烘干后得到有机化铜粉。

（2）将步骤（1）得到的有机化铜粉加入体积分数为50%的乙醇水溶液中，再加入噻吩单体后超声搅拌1h成均匀的混合液，将过硫酸铵溶于水中搅拌均匀后于1h内滴加入混合液中，用盐酸溶液调节pH值为3.5，控制温度在10℃下反应10h，将反应产物减压抽滤，用乙醇水溶液反复洗涤后真空烘干，研磨后得到改性铜粉。

（3）按照配方用量称取各组分，将水加入配料缸中，开启搅拌，转速400r/min下将聚碳酸酯多元醇、流平剂、消泡剂加入配料缸，搅拌15min后提高转速至1400r/min，将填料、改性铜粉加入配料缸，搅拌50min后降低转速至500r/min，将增稠剂加入配料缸，搅拌15min，取出后用研磨机研磨至细度小于等于50μm，得到A组分：将异氰酸酯固化剂加入配料罐，开启搅拌，转速500r/min下将催化剂加入配料罐，搅拌12min，得到B组分；将A组分加入配料罐中的B组分中，转速1000r/min下搅拌10min，得到水性双液型聚氨酯涂料。

原料介绍　所述聚碳酸酯多元醇为聚碳酸酯二元醇。

所述填料为滑石粉或钛白粉。

所述流平剂为丙烯酸酯型流平剂。

所述消泡剂为聚醚改性有机硅消泡剂。

所述增稠剂为纤维素类增稠剂。

所述异氰酸酯固化剂为IPDI。

所述催化剂为三亚乙基二胺。

产品应用　本品主要是一种水性双液型聚氨酯涂料，具有很好的电磁辐射屏蔽性能和生物降解性。

产品特性

（1）铜粉具有优异的导电性和电磁辐射屏蔽性能，不过其表面容易氧化，且不容易分散于聚氨酯基体内，因而本发明先通过盐酸对其酸化，增加了其比表面积，再将十八烷基三甲基氯化铵物理吸附于其表面从而进行有机化处理，然后将其与噻吩单体进行聚合反应，最后形成了表面均匀包覆有聚噻吩的改性铜粉。聚噻吩是一种导电高分子，包覆后可对铜粉形成有效的阻隔，大大避免铜粉被氧化，同时改善铜粉与聚氨酯基体之间的相容性，使铜粉能均匀分散于聚氨酯基体内，从而大幅度提高涂料的电磁屏蔽性能；聚噻吩的导电性能亦很好，因此可与铜粉形成协同作用，进一步提高涂料的导电性和电磁屏蔽性能。

（2）聚碳酸酯多元醇不同于脂肪族聚酯多元醇和聚醚多元醇，具有很好的柔顺性和生物降解性，可大幅提高涂料的生物降解性和韧性，废弃后容易被生物降解，因此可有效提高涂料的环保性能。

配方 44　水性透明超双疏纳米涂料

原料配比

原料	配比（质量份）			
	1#	2#	3#	4#
亲水性二氧化硅纳米颗粒	20（体积份）	30（体积份）	25（体积份）	40（体积份）
正硅酸乙酯	1（体积份）	1（体积份）	—	1（体积份）
四氯化硅	—	—	1（体积份）	—
KH-570	2	3	2	4
氟硅烷 FAS	2	3	2	4
正硅酸乙酯（TEOS）	2	2	2	2
油性纳米涂料	1（体积份）	1（体积份）	2（体积份）	2.5（体积份）
氟碳树脂溶液	1（体积份）	1（体积份）	1（体积份）	1（体积份）
表面活性剂十二烷基硫酸钠、Span 80、Tween 20、Surfynol 61 和 Triton×100	—	1	—	—
表面活性剂 Triton X100	—	—	—	0.5

制备方法

（1）油性纳米涂料的制备：20～30℃下，将亲水性二氧化硅纳米颗粒加入 EtOH 中，超声波分散后，在磁力搅拌条件下，加入正硅酸乙酯或四氯化硅，随后，滴加用盐酸酸化或氨水碱化的乙醇与水的混合液，滴入硅烷偶联剂，继续磁力搅拌至偶联反应充分后，缓慢滴加氟硅烷，继续磁力搅拌反应充分后，即获得油性纳米涂料；各物质体积配比为正硅酸乙酯：H_2O：EtOH：HCl/NH_4OH = 1：(2～4)：(2～4)：(0.05～10)，滴加速度 0.1～0.5mL/s，反应 24～48h。

（2）有机-无机杂化涂料的制备：首先，在油性纳米涂料中加入氟碳树脂溶液，获得油性有机-无机杂化涂料，随后将油性纳米涂料放入旋蒸仪旋蒸获得浓度 20～40mg/mL 的高固含量油性纳米涂料浓缩液；所述氟碳树脂溶液是将树脂及其固化剂超声分散于乙醇中，30～60min 后获得的均匀溶液。

（3）水性纳米涂料的制备：超声波分散，并机械搅拌条件下，将水或水和表面活性剂加入高固含量纳米涂料浓缩液分散均匀得到水性透明超双疏纳米涂料。

产品应用　本品主要是一种简便的水性透明超双疏纳米涂料，用于玻璃、瓷砖、混凝土、金属、纺织物、塑料、木材、复合材料的涂装。

基于所述的水性透明超双疏纳米涂料的应用，包括下列步骤：

（1）喷涂：喷涂前用干净棉布、刷子或无尘纸将基体擦拭干净，或在乙醇中超声清洗 5～15min，取出吹干后即可使用。选用喷嘴直径 0.5～2mm 的喷枪喷涂，以压缩空气为气源，首先调整喷斑为扇形，喷嘴距基材待喷涂表面 10～20cm，随后从上至下以 2～5cm/s 的速度从左到右依次喷涂，喷涂压力不变，如此重复两次至五次，水性透明超双疏纳米涂料中含水量大于 60%（体积分数）时，则先用热台将基材加热至 60～80℃，再进行喷涂。

（2）涂层后处理：采用非挥发性表面活性剂或无表面活性剂时，将处理后的基材放入水中，常温浸泡1～2h后，取出晾干，即在基材表面获得透明超双疏涂层。

产品特性

（1）加入TEOS，水解交联后，可在原有二氧化硅纳米颗粒之间形成“键Si键”化学键，提高颗粒间的结合力，并降低颗粒团聚。

（2）KH－570为γ－甲基丙烯酰氧基丙基三甲氧基硅烷，是一种有机官能团硅烷偶联剂，在SiO_2－TEOS－HCl/NH_4OH－H_2O的水解反应体系中，能在TEOS或$SiCl_4$水解交联后的SiO_2表面嫁接活性基团，促进与氟硅烷的化学反应。

（3）加入氟碳树脂，可显著提高纳米颗粒间的结合力。

（4）本产品提出的技术制备的有机－无机杂化油性涂料，基本无絮状沉淀物质产生，在乙醇中的分散性极好，不易沉降。

（5）通过旋蒸技术，不但去除了多余的氨水/盐酸，降低了涂料的刺激性气味，浓缩液可根据需要，采用乙醇进行任意比例稀释，同时，也可直接加入体积比为1%～50%的水，直接进行稀释，即可获得水性纳米涂料。

（6）有机－无机杂化固相物质具有疏水性，在水性涂料中呈团聚状分布，团聚物尺寸仍然小于500nm，可直接喷涂，获得均匀膜层，且团聚颗粒物具有较强的结合力，不但增加了膜层的粗糙度，形成多尺度多孔纳米结构，提高了膜层的超疏油特性，而且提高了膜层的强度。

（7）表面活性剂的加入，使得固相团聚物能均匀分散在水中，水含量高达90%时，仍能稳定分散，可直接连续喷涂。

（8）使用挥发性表面活性剂Surfynol 61时，水性纳米涂料喷涂后获得的涂层无须后处理，即可获得超双疏特性。

（9）水性涂料不燃、危险性低、成本低，同时便于储藏、运输和施工作业，具有很好的应用前景。

配方45 水性涂料

原料配比

原料		配比（质量份）										
		1#	2#	3#	4#	5#	6#	7#	8#	9#	10#	11#
复合乳液		40.0	43.2	44.0	45.0	48.0	49.0	50.0	51.0	52.0	51.5	52.0
水性氨基树脂交联剂		18.2	15.0	15.0	16.0	15.0	15.0	18.0	18.0	18.0	18.0	17.5
炭黑		15.0	15.0	15.0	15.0	15.0	12.0	11.0	8.0	8.0	8.0	8.0
钛白粉		10.0	10.0	10.0	10.0	8.0	8.0	8.0	8.0	8.0	9.0	9.0
偶联剂		2.0	2.0	3.0	3.0	3.0	4.0	4.0	4.0	5.0	5.0	5.0
流平剂		3.0	3.0	3.0	3.0	3.0	3.0	2.5	2.5	2.5	2.2	2.0
分散剂	三乙醇胺	1.0	—	—	—	—	—	1.0	0.8	0.8	—	—
	瓜尔胶	—	1.0	1.0	—	—	—	—	—	—	0.8	0.8
	烷基酚聚氧乙烯醚	—	—	—	1.0	—	—	—	—	—	—	—
	甲基戊醇	—	—	—	—	1.0	1.0	—	—	—	—	—

续表

原料		配比（质量份）										
		$1^{\#}$	$2^{\#}$	$3^{\#}$	$4^{\#}$	$5^{\#}$	$6^{\#}$	$7^{\#}$	$8^{\#}$	$9^{\#}$	$10^{\#}$	$11^{\#}$
消泡剂	六偏磷酸钠	0.8	0.8	0.8	—	—	—	—	—	—	—	—
	多聚磷酸钠	—	—	—	0.6	—	—	0.5	0.7	—	—	—
	焦磷酸钾	—	—	—	—	0.6	0.6	—	—	0.7	0.5	0.7
水		加至100										

制备方法 将上述原料按照配方混合，搅拌均匀后研磨，控制研磨过程中涂料的温度不高于45℃，最终研磨至涂料内固体粒度小于20μm即得所需水性涂料。尤其需要注意的是，控制研磨过程中的温度，以保证该涂料中的固体物有效均匀分散于水中。

原料介绍 所述水性聚氨酯/水性丙烯酸酯复合乳液的制备方法为将固体百分含量相同的水性聚氨酯乳液与水性丙烯酸酯乳液以体积比1:(1.2~3)混合，搅拌均匀后研磨至固体粒度小于50μm，然后在高速分散机中以1500~2000r/min的分散速度分散0.5~1h。控制复合乳液温度不高于45℃，以防止制备过程中水分的丧失以及由于温度过高影响两种乳液的相容性。

所述偶联剂为钛酸酯偶联剂或者硅烷偶联剂。

所述流平剂为纯聚丙烯酸酯流平剂、水性含硅流平剂中的一种。

所述分散剂为烷基酚聚氧乙烯醚、三乙醇胺、瓜尔胶、甲基戊醇中的一种或多种。

所述消泡剂为六偏磷酸钠、多聚磷酸钠、三聚磷酸钾、焦磷酸钾中的一种或多种。

所述助剂都可直接选用市售产品。

产品应用 本品是主要用于塑胶、皮革、木器、玻璃、金属材料的表面的一种环保的非有机溶剂类的涂料。

使用方法：可通过丝印或者辊涂的方式涂刷于塑胶、皮革、木器、玻璃、金属材料的表面，在160~200℃条件下烘干5~8min即得干燥涂层。在装饰玻璃立体图案丝印工艺中，本产品中的水性涂料可作为表层的封闭涂料使用，具体工艺步骤为：

（1）在玻璃表面用透明光油丝印立体涂层；

（2）待步骤（1）中涂层干燥后，用有色热固型油墨丝印图案的主色调涂层；

（3）待步骤（2）中涂层干燥后，用本品制备的涂料丝印至步骤（2）中的图案上，丝印完毕后在180℃条件下烘干6min即得用于涂料测试的玻璃试片。

产品特性

（1）本产品采用将水性聚氨酯乳液与丙烯酸酯乳液进行物理共混的方法进行涂料的改进，由于聚氨酯软段具有良好的包容性，依靠分子之间的相互作用力与丙烯酸酯的分子链共同形成了非晶区，而丙烯酸酯的晶区则均匀地分布于复合乳液中，提升了涂料的整体性能。在两者的共混复合乳液中还添加交联剂及少量偶联剂，使体系在成膜过程中将两者结合在一起，能够明显促进涂装后成膜的性能，同时偶联剂的添加还能够进一步提高涂料整体黏合力的浸润性，提升涂装后成膜的宏观附着力。

（2）本产品中所选用的炭黑粒径为0.5~10μm，着色强度为108~110。所选用的钛白粉为一般市售产品，以金红石型钛白粉为最佳。炭黑和钛白粉作为填料及调色用途存在，对炭黑的粒径和着色强度选择的目的是控制涂料整体的光泽度和调色能力，尤其是在作为装饰玻璃立体图案丝印工艺中的表层封闭涂料使用时，炭黑形成的色调既不能对颜色层涂料颜色有所遮盖，同时还要对颜色层的外观进行调节，以呈现出高档哑光优雅的综合色调。

(3) 本产品不仅无挥发性物质，而且物理性能佳，耐水性、耐酸碱性良好。

(4) 本产品制造方法和使用方法简单、节能。

(5) 本产品在装饰玻璃立体图案丝印工艺中，作为表层的封闭涂料使用时，调色能力佳、耐水、耐酸碱能力佳，能够有效保护装饰玻璃表面的立体层和颜色层涂层，使装饰玻璃外观靓丽保持良久。

配方 46　水性荧光聚氨酯涂料

原料配比

原料	配比（质量份）			
	1#	2#	3#	4#
异佛尔酮二异氰酸酯	30	33	31	35
聚丙二醇	50	52	55	50
二月桂酸二丁基锡	0.08	0.06	0.05	0.04
亲水扩链剂	8	6	5	5.5
封端剂	5	4	4	4.5
三乙胺	7	5	5	5
过硫酸铵	0.6	0.5	0.7	0.8
硒粉	0.008	0.009	0.007	0.008
硼氢化钠	0.005	0.004	0.006	0.005
氯化铬	0.028	0.03	0.02	0.026
巯基丙酸	0.03	0.02	0.04	0.04
水	加至100			

制备方法

(1) 将二元醇、亲水扩链剂置于真空烘箱中干燥，将其他的预聚单体加入分子筛进行干燥；所述真空烘箱的温度可为100～120℃；所述干燥的时间可为3～5h；所述分子筛可为4A分子筛；所述分子筛干燥的时间可为24h以上。

(2) 将经脱水处理的二元醇、二异氰酸酯按比例加入四口烧瓶中，在氮气保护下，升温加入有机锡类催化剂，继续反应，再继续升温加入亲水扩链剂，再继续反应；所述升温的温度可至70～80℃，所述继续反应的时间可为3～4h；所述再继续升温的温度可至85～90℃，所述再继续反应的时间可为2～3h。

(3) 待反应体系降温后，加入封端剂，继续进行反应，此过程用有机溶剂丙酮降黏；所述下降温度可至60～70℃，所述继续反应时间可为2～4h。

(4) 待预聚物降至45℃以下，加入中和剂进行搅拌；搅拌速度可为250～300r/min，搅拌时间可为30min以上。

(5) 再进行剧烈搅拌，并缓慢加入经冷藏处理的水进行乳化，最后加入自由基催化剂得到聚氨酯预聚体 A。所述剧烈搅拌的搅拌速度可为 1700 ~ 2000r/min，所述乳化的时间可为 10min 以上。

(6) 制备 NaHSe 溶液：隔绝空气的条件下，将硒粉和硼氢化钠完全溶解在水中，得到溶液 B。

(7) 分别将氯化铬以及巯基丙酸溶解在两个盛有水的烧杯中，再将两者混合，用碱调节混合液的 pH = 10 ~ 11，得到溶液 C。

(8) 将 C 注入溶液 B 中，混合 1.5 ~ 3h，得到了 CdSe 预聚体 D。

(9) 最后将聚氨酯预聚体 A 以及 CdSe 预聚体 D 按照 (1 ~ 2) : 1 的体积比混合，升温至 100℃，反应 7 ~ 14h，得到最终的水性荧光聚氨酯涂料。

原料介绍 所述有机锡类催化剂可为二月桂酸二丁基锡、辛酸亚锡中的至少一种。

所述二异氰酸酯可为异佛尔酮二异氰酸酯（IPDI）、甲苯二异氰酸酯（TDI）、4，4 - 亚甲基 - 二苯基二异氰酸酯（MDI）、六亚甲基二异氰酸酯（HDI）中的至少一种。

所述二元醇可为聚丙二醇（PPG）、聚乙二醇（PEG）、聚四氢呋喃二醇（PTMG）、聚己二酸己二醇酯、聚碳酸酯、聚丁二烯二醇中的至少一种，分子量为 1800 ~ 2200。

所述亲水扩链剂可为磺酸型和羧酸型，可为 1，2 - 二羟基 - 3 - 丙磺酸钠、二羟甲基丙酸、二羟甲基丁酸中的至少一种。

所述封端剂可为丙烯酸羟乙酯（HEA）、甲基丙烯酸羟乙酯（HEMA）、丙烯酸 *N* - 丙基全氟辛基磺酰胺基乙醇中的至少一种。

所述中和剂可为三乙胺、三乙醇胺、氢氧化钠、*N* - 甲基二乙醇胺、甲基丙烯酸、氨水中的至少一种；这里优选三乙胺，加入量满足水性荧光聚氨酯涂料 pH 值为 7。

所述自由基催化剂优选过硫酸铵。

产品应用 本品主要用于防伪标志、生物显影、生物检测、药物追踪、化学检测、荧光涂料等方面。

产品特性 本产品突破性地采用预聚体混合的方法，将聚氨酯预聚体作为母液，将 CdSe 预聚体注入，直接加热，分别完成聚氨酯与 CdSe 的制备。最后得到了紫外激发后发黄白光的水性荧光型聚氨酯涂料。该方法避免了现有物理混合方法中存在的相分离的问题，并且此方法还可以在较低温度下进行，反应温和，操作简单，并且得到的荧光涂料的发射波段在紫外激发下可以在绿光到黄光之间变化。最后得到了固化时间短、疏水性能优异、硬度高、荧光效应好的荧光涂料。

配方 47 水性荧光涂料

原料配比

原料	配比（质量份）		
	1#	2#	3#
丙烯酸树脂	35	40	45
纳米荧光粉	12	15	18
改性壳聚糖	1	1.5	2

续表

原料	配比（质量份）		
	1#	2#	3#
填料	20	23	25
丙二醇甲醚	0.5	1.0	1.5
硅烷类偶联剂	0.8	1.0	1.2
有机改性膨润土	1	1	1
水	20	22	25

制备方法

（1）按顺序依次将上述配料量的丙烯酸树脂、抑菌剂、填料、成膜助剂、偶联剂、防沉淀剂、水加到配料罐中，用搅拌机进行预分散，物料分散均匀后进行研磨，制得初产品。搅拌速度为1200r/min，搅拌20～40min。研磨设备为篮式砂磨机，研磨细度为25μm以下。

（2）在研磨罐中补加剩余的纳米荧光粉，调整漆的黏度、喷涂性能及光泽，搅拌均匀后过滤、包装。

原料介绍 所述纳米荧光粉为纳米磷酸盐基质掺Eu^{3+}。

所述抗菌剂为改性壳聚糖（如羟甲基-壳聚糖、如羟丙基-壳聚糖）。

所述填料为超细硅酸铝、硫酸钡、高岭土中的一种或多种。

所述成膜助剂为丙二醇甲醚。

所述偶联剂为硅烷类偶联剂。

所述防沉淀剂为有机改性膨润土。

产品应用 本品主要是一种水性荧光涂料，本产品不仅降低了粒径大小，减小了密度，而且无须再分散，更无须机械搅拌，方便了涂装。

产品特性

（1）使用改性壳聚糖，而不使用杀菌剂，不仅具有抑菌作用，而且避免了对涂装工人等的毒害，还避免了环境污染。

（2）使用改性壳聚糖，而不使用锌、钛等金属氧化物，用量更少，成本更低。

配方48 水性预混乳液及其抗污涂料

原料配比

原料	配比（质量份）		
	1#	2#	3#
预混乳液	73	70	70
水性硅氧烷树脂	16	20	20
正丁醇	8	7.2	8
聚氨酯增稠流平剂	1.2	0.8	0.4
分散剂	0.6	0.8	0.5
消泡剂	0.8	0.7	0.6
润湿剂	0.4	0.5	0.5

续表

原料		配比（质量份）		
		1#	2#	3#
氟改性水性醇酸树脂	精制亚麻油	10	10	—
	精制蓖麻油	—	—	11
	甘油	2	2	2.5
	石油酐	2	2	2.5
	苯酐	3	3	3.5
	苯甲酸	—	—	3.2
	三羟甲基丙烷	2	2	1.5
	二甲苯	3	3	3.0
	苯甲酸	2.5	2.5	2.8
	环氧树脂	6	6	6.0
	全氟己基乙基丙烯酸酯	10	10	
	丙烯酸八氟戊酯	—	—	7.6
	丙烯酸羟丙酯	5	5	—
	甲基丙烯酸	3	3	3.2
	甲基丙烯酸异丁酯	—	—	1.4
	丙烯酸叔丁酯	—	—	2.6
	碱	2.5	2.5	2.2
	水	49	49	47
聚氨酯改性丙烯酸树脂	聚醚二醇	10	10	12.5
	甲苯二异氰酸酯	22	22	—
	异佛尔酮二异氰酸酯	—	—	20
	二羟甲基丙酸	7	7	6
	N-羟甲基丙烯酰胺	6.5	6.5	5
	一缩二乙二醇	0.5	0.5	0.5
	三羟甲基丙烷	0.5	0.5	0.5
	三乙胺	1.8	1.8	1.5
	水	51.7	51.7	54
预混乳液	氟改性水性醇酸树脂	69.7	55.6	64.5
	聚氨酯改性丙烯酸酯树脂	30	44	35
	乳化剂	0.3	0.4	0.5

制备方法 将各组分原料混合均匀即可。

原料介绍 所述氟改性水性醇酸树脂，由植物油或脂肪酸、有机酸酐、多元醇、环氧树脂、含氟单体、丙烯类单体和水组成；其制备工艺是先在较高温度下醇解，然后进行酯化，再加入烯类单体进行聚合，中和，最后加水分散。

所述丙烯类单体为丙烯酸甲酯、2-甲基丙烯酸甲酯、丙烯酸丁酯、甲基丙烯酸丁酯、丙烯酸羟丙酯、丙烯酸-2-羟基乙酯、甲基丙烯酸-2-羟基乙酯、丙烯酸叔丁酯、甲基丙烯酸正丁酯、甲基丙烯酸异丁酯、甲基丙烯酸异辛酯、甲基丙烯酸环己酯、丙烯酸异冰片酯、甲基丙烯酸异冰片酯、丙烯酸、甲基丙烯酸、2-丙基庚基丙烯酸酯、甲基丙烯酸月桂醇酯、丙烯酸月桂酯、甲基丙烯酸十八酯、丙烯酸十八酯、甲基丙烯酸缩水甘油酯、环三羟甲基丙烷甲缩醛丙烯酸酯、丙烯酸四氢糠醇酯、甲基丙烯酸四氢糠醇酯中的一种或几种的组合。

所述含氟单体为丙烯酸六氟丁酯、甲基丙烯酸六氟丁酯、丙烯酸六氟异丙酯、甲基丙烯酸六氟异丙酯、丙烯酸八氟戊酯、甲基丙烯酸八氟戊酯、全氟己基乙基丙烯酸酯、全氟己基乙基甲基丙烯酸酯、全氟辛基乙基丙烯酸酯、全氟辛基乙基甲基丙烯酸酯、全氟烷基乙基丙烯酸酯、全氟烷基乙基甲基丙烯酸酯或其混合物的一种或几种的组合。

所述植物或油脂肪酸为精制亚麻油、大豆油、蓖麻油、妥尔油、椰子油、菜籽油中的一种或几种的组合；所述环氧树脂为双酚 A 型环氧树脂。

所述丙烯酸类单体为 N-羟甲基丙烯酰胺、丙烯酸羟丙酯、丙烯酸羟乙酯、甲基丙烯酸羟乙酯、甲基丙烯酸羟丁酯中的一种或几种。

产品应用 本品主要是用于水泥混凝土、金属、木材等各种表面的一种抗污涂料。

产品特性 本产品采用水性树脂的预混再进行抗污涂料的制备，利用树脂侧链的氟段和硅段能有效降低涂层的表面张力，同时提高涂层的抗污性；利用聚氨酯丙烯酸树脂的高硬度，可以增强涂料的硬度，并能形成致密的保护膜，防止液体类物质渗入涂层破坏涂层的结构，使涂层具有良好的耐化学性、力学性能及耐久性。本产品的特点是硬度高、防水性能好、交联密度高、耐温耐化学性能好，无污染，当被污染物污染或被溶液类物质污染时，能有效达到防水，防污的优良效果。

配方 49 水性阻燃聚氨酯涂料

原料配比

原料	配比（质量份）
丁二酸二异辛酯磺酸钠	0.7
拉开粉	0.4
四氯化钛	10
六水三氯化铁	0.3
28%过氧化氢溶液	30
聚 ε-己内酯二醇	600
异佛尔酮二异氰酸酯	470
丙酮	20
二羟甲基丙酸	13
二甘醇	4
辛酸亚锡	0.1
三乙胺	5

续表

原料	配比（质量份）
聚磷酸铵	1
卵磷脂	0.3
十溴联苯醚	0.1
纳米滑石粉	1.3
聚苯并咪唑	1
N, *N*－二乙基苯胺	0.1

制备方法

（1）将上述纳米滑石粉加入其质量200～320倍的水中，磁力分散3～5min，加入拉开粉，在60～70℃下保温搅拌7～10min，加入四氯化钛，降低温度为3～5℃，搅拌混合20～30min，加入六水三氯化铁，搅拌条件下滴加浓度为5%～6%的氨水溶液，调节pH值为8～8.6，静置30～40min，抽滤，将滤饼水洗3～4次，常温干燥，得掺杂沉淀；

（2）将上述聚苯并咪唑加入28%～30%的过氧化氢溶液中，搅拌均匀，升高温度为60～70℃，加入丁二酸二异辛酯磺酸钠，保温搅拌4～7min，得预处理过氧化氢溶液；

（3）将上述十溴联苯醚、聚磷酸铵混合，加入混合料质量30～40倍的水中，加入*N*, *N*－二乙基苯胺、卵磷脂，300～400r/min搅拌10～20min，得阻燃分散液；

（4）将上述掺杂沉淀加入其质量100～120倍的水中，超声分散3～5min，加入上述预处理过氧化氢溶液，磁力搅拌30～40min，送入沸水浴中，恒温加热3～5h，与上述阻燃分散液混合，搅拌均匀，得阻燃掺杂钛溶胶；

（5）将上述聚ε－己内酯二醇在100～110℃下真空脱水10～15min，冷却至30～40℃，通入氮气，加入上述异佛尔酮二异氰酸酯，升高温度为80～90℃，恒温搅拌1.6～2h，加入上述丙酮质量的20%～30%，降低温度为30～40℃，加入上述阻燃掺杂钛溶胶、二羟甲基丙酸，升高温度为76～80℃，保温反应40～50min，降低温度为40～50℃，依次加入剩余的丙酮、二甘醇、辛酸亚锡，缓慢升高温度为70～75℃，保温反应5～6h，冷却至常温，倒入乳化桶中，加入剩余各原料，搅拌均匀，加入体系质量30%～40%的水，1200～1700r/min搅拌16～20min，得水性阻燃聚氨酯涂料。

产品应用　本品主要是一种水性阻燃聚氨酯涂料。

使用方法：将需要涂覆的基材加入本产品的钛掺杂水洗聚氨酯涂料中，浸润10～20min，取出后置于常温下通风4～5d，再在46～50℃下干燥6～10h，即可。

产品特性

（1）本产品的涂膜具有很好的拉伸强度：高力学稳定性的粒子成为固定位点，限制了基体分子链的运动，从而提高拉伸强度，纳米粒子在基体中分散均匀，材料受到外力拉伸时形成受力中心，能够引发更多的银纹，消耗大量的能量，起到补强的作用，因此将纳米二氧化钛加入有机聚合物中可以提高有机基底的力学性能，提高涂膜的拉伸强度。

（2）本产品的涂膜具有很好的紫外线吸收能力及自清洁性能：Fe^{3+}掺杂纳米二氧化

钛溶胶在可见光下具有最强的光催化性能，能够明显提高涂膜的抗紫外线性能。同时，可以利用其光催化降解能力将表面附着的污染物降解去除，因此也具有很好的自清洁性能。

（3）本产品的涂料还加入了十溴联苯醚、纳米滑石粉等原料，有效地提高了涂膜的阻燃性能。

配方 50　稳定型水性聚氨酯涂料

原料配比

原料	配比（质量份）
环烷酸锂	1
对氯间二甲基苯酚	0.1
四氯化钛	10
六水三氯化铁	0.3
28%的过氧化氢溶液	30
聚 ε-己内酯二醇	600
异佛尔酮二异氰酸酯	470
丙酮	20
二羟甲基丙酸	13
二甘醇	4
辛酸亚锡	0.1
三乙胺	5
双丙酮丙烯酰胺	1.8
乙烯基羧酸酯	3
脂肪醇聚氧乙烯醚硫酸铵	0.4
二苯基咪唑啉	0.9
硫酸铝钾	3

制备方法

（1）将上述硫酸铝钾加入其质量 20～37 倍的水中，在 60～80℃下保温搅拌 4～10min，加入环烷酸锂，搅拌至常温，得稳定盐溶液；

（2）将上述四氯化钛加入其质量 80～100 倍的水中，在 3～5℃下搅拌混合 20～30min，加入六水三氯化铁，搅拌条件下滴加浓度为 5%～6%的氨水溶液，调节 pH 值为 8～8.6，静置 30～40min，加入上述稳定盐溶液，搅拌均匀，抽滤，将滤饼水洗 3～4 次，常温干燥，得掺杂沉淀；

（3）取上述二苯基咪唑啉，加入其质量 10～13 倍的无水乙醇中，搅拌均匀，加入双丙酮丙烯酰胺，送入 70～80℃的水浴中，保温搅拌 10～20min，出料冷却至常温，得醇溶液；

（4）将上述掺杂沉淀加入其质量 100～120 倍的水中，超声分散 3～5min，加入上述 28%～30%的过氧化氢溶液，磁力搅拌 30～40min，送入沸水浴中，恒温加热 3～5h，出料，与上述醇溶液混合，加入脂肪醇聚氧乙烯醚硫酸铵，300～500r/min 搅拌 4～10min，蒸馏除去乙醇，得掺杂钛溶胶；

（5）将上述聚ε-己内酯二醇在100～110℃下真空脱水10～15min，冷却至30～40℃，与上述乙烯基羧酸酯混合，搅拌均匀，通入氮气，加入上述异佛尔酮二异氰酸酯，升高温度为80～90℃，恒温搅拌1.6～2h，加入上述丙酮质量的20%～30%，降低温度为30～40℃，加入上述掺杂钛溶胶、二羟甲基丙酸，升高温度为76～80℃，保温反应40～50min，降低温度为40～50℃，依次加入剩余的丙酮、二甘醇、辛酸亚锡，缓慢升高温度为70～75℃，保温反应5～6h，冷却至常温，倒入乳化桶中，加入剩余各原料，搅拌均匀，加入体系质量30%～40%的水，1200～1700r/min搅拌16～20min，得稳定型水性聚氨酯涂料。

产品应用 本品主要是一种稳定型水性聚氨酯涂料。

使用方法：将需要涂覆的基材加入本产品的钛掺杂水洗聚氨酯涂料中，浸润10～20min，取出后置于常温下通风4～5d，再在46～50℃下干燥6～10h，即可。

产品特性

（1）本产品的涂膜具有很好的拉伸强度：高力学稳定性的粒子成为固定位点，限制了基体分子链的运动，从而提高拉伸强度，纳米粒子在基体中分散均匀，材料受到外力拉伸时形成受力中心，能够引发更多的银纹，消耗大量的能量，起到补强的作用，因此将纳米二氧化钛加到有机聚合物中可以提高有机基底的力学性能，提高涂膜的拉伸强度。

（2）本产品的涂膜具有很好的紫外线吸收能力及自清洁性能：Fe^{3+}掺杂纳米二氧化钛溶胶在可见光下具有最强的光催化性能，能够明显提高涂膜的抗紫外线性能；同时可以利用其光催化降解能力将表面附着的污染物降解去除，因此也具有很好的自清洁性能。

（3）本产品的涂膜加入了环烷酸锂、辛酸亚锡等，有效地提高了成品涂膜的稳定性强度，提高了抗剥离强度。

配方51 无极限膜厚的水性双组分聚氨酯涂料

原料配比

<table>
<tr><th colspan="3" rowspan="2">原料</th><th colspan="6">配比（质量份）</th></tr>
<tr><th>1#</th><th>2#</th><th>3#</th><th>4#</th><th>5#</th><th>6#</th></tr>
<tr><td rowspan="8">水性树脂</td><td rowspan="3">阳离子型水性含羟基树脂</td><td>固含量为80%、羟值为150的阳离子型水性含羟基丙烯酸树脂</td><td>500</td><td>—</td><td>—</td><td>500</td><td>450</td><td>450</td></tr>
<tr><td>固含量为70%、羟值为140的阳离子型水性含羟基丙烯酸树脂</td><td>—</td><td>450</td><td>—</td><td>—</td><td>—</td><td>—</td></tr>
<tr><td>固含量为60%、羟值为130的阳离子型水性含羟基丙烯酸树脂</td><td>—</td><td>—</td><td>400</td><td>—</td><td>—</td><td>—</td></tr>
<tr><td colspan="2">乳酸</td><td>10</td><td>10</td><td>8</td><td>10</td><td>10</td><td>10</td></tr>
<tr><td colspan="2">非离子型助剂</td><td>10</td><td>10</td><td>5</td><td>10</td><td>10</td><td>10</td></tr>
<tr><td colspan="2">水</td><td>350</td><td>300</td><td>250</td><td>350</td><td>300</td><td>300</td></tr>
<tr><td colspan="2">填料纳米硫酸钡粉</td><td>—</td><td>—</td><td>—</td><td>420</td><td>—</td><td>420</td></tr>
<tr><td colspan="2">颜料</td><td>—</td><td>—</td><td>—</td><td>—</td><td>160</td><td>160</td></tr>
</table>

续表

原料			配比（质量份）					
			1#	2#	3#	4#	5#	6#
水性树脂			1	1	1	1	1	1
油性固化剂	异氰酸酯预聚物		0.25	0.25	0.25	0.25	0.25	0.25
非离子型助剂	分散剂	BYK－190	2	2	2	2	2	2
	流平剂	BYK－346	2	2	2	2	2	2
	基材润湿剂	Tego280	2	2	2	2	2	2
	消泡剂	Tego810	2	2	2	2	2	2
	聚氨酯类增稠剂	TPA－90	2	2	2	2	2	2
颜料	钛白粉		—	—	—	—	28	28
	炭黑粉		—	—	—	—	1	1

制备方法

（1）按照上述水性双组分聚氨酯涂料的组分及用量，称取各组分。

（2）制备水性树脂：

①将阳离子型水性含羟基树脂、乳酸、水和非离子型助剂分别分为两份。

②将其中一份的阳离子型水性含羟基树脂、乳酸、水和非离子型助剂混合后，再加入颜料，然后研磨混合至固体颗粒的粒径小于15μm，得到预混合物。

③再将另一份的阳离子型水性含羟基树脂、乳酸、水和非离子型助剂，以及纳米级硫酸钡粉填料，加入预混合物中，混匀，即得水性树脂。

（3）将除固化剂以外各组分与水性树脂混合均匀即完成水性双组分聚氨酯涂料的制备。

（4）油性固化剂单独包装。

原料介绍 所述阳离子型水性含羟基树脂采用固含量为60%～80%、羟值为130～150的阳离子型水性含羟基树脂。

所述阳离子型水性含羟基树脂中的含羟基树脂为含羟基丙烯酸树脂、含羟基醇酸树脂、含羟基聚酯树脂、含羟基聚醚树脂或者含羟基环氧树脂等。其中优选阳离子型水性含羟基丙烯酸树脂，采用市售产品。

为了配合阳离子型水性含羟基树脂，助剂需要选用非离子型助剂，所采用的助剂种类没有特别限定，采用本领域中常采用的助剂种类即可，例如分散剂、流平剂、消泡剂等。

所述非离子型助剂包括分散剂2份、流平剂2份、基材润湿剂2份、消泡剂2份和聚氨酯类增稠剂2份。采用该组合的非离子型助剂，能够更好地配合阳离子型水性含羟基树脂，使得到的水性树脂性能更优。

所述分散剂采用市售产品，例如BYK－190分散剂。

所述流平剂采用市售产品，例如BYK－346流平剂。

所述基材润湿剂采用市售产品，例如Tego280基材润湿剂。

所述消泡剂采用市售产品，例如，Tego810 消泡剂。

所述聚氨酯类增稠剂采用市售产品，例如，TPA－90。

所述水性树脂和油性固化剂的质量比为1∶(0.2～0.5)。

所述油性固化剂采用异氰酸酯预聚物，具体可以采用名称为拜耳或 DIC 或旭化成的油性异氰酸酯预聚物。

所述颜料为钛白粉和/或炭黑粉。当为两者的混合物时，可以依据颜色要求进行混合比例的调整，例如，钛白粉和炭黑粉的质量比为（25～30）∶1。

所述填料选用硫酸钡粉，优选纳米级硫酸钡粉。

产品应用 本品主要是一种无极限膜厚的水性双组分聚氨酯涂料。

使用时，将水性树脂和异氰酸酯预聚物固化剂按比例混合后喷涂在基材上即可。

产品特性 本产品是通过研发出的一种能够采用油性固化剂作为固化剂的水性树脂，从而摒弃掉水性异氰酸酯固化剂，进而解决了现有以水性异氰酸酯作为固化剂的水性双组分聚氨酯涂料的单次喷涂厚度有极限值，大多数涂层厚度不可超过 40μm，超过该厚度时涂层会出现挥发孔的技术问题。

配方 52 有机硅改性水性光固化环氧-丙烯酸涂料

原料配比

原料	配比（质量份）			
	1#	2#	3#	4#
环氧树脂	45.4	47.6	49.4	48.2
阻聚剂	0.74	0.92	1	0.91
N, *N*－二甲基乙醇胺	0.74	0.89	1	0.91
丙烯酸	15.84	18.72	17.2	16.9
不饱和酸酐	25.5	21.58	23.3	24.7
有机硅单体	15.34	12.85	13.82	14.3
三乙胺	11.11	13.56	13.56	13.15
水性光引发剂	2.57	3.27	4.64	4.21
水	20	24	24	25.8

制备方法

（1）制备环氧丙烯酯预聚物：在反应器中，在室温下，按上述配比，加入环氧树脂和阻聚剂，然后调整转速为 200～350r/min，升温至 75～85℃时，缓慢滴加丙烯酸和 *N*，*N*－二甲基苯胺，滴加时间为 0.5～1h，滴加完毕后升温至 86～90℃，然后每隔 0.5h 取样测定酸值，直到酸值为 3～5mg KOH/g 时，降温，得到环氧丙烯酸预聚体。

（2）制备不饱和酸酐改性环氧丙烯酯预聚物：将步骤（1）制得的反应体系的温度降至 50～60℃时，保持上述转速，按上述配比加入不饱和酸酐、*N*, *N*－二甲基苯胺和阻聚剂，搅拌 10～20min，升高温度到 60～70℃，然后测定体系的酸值，直到酸值达到理论值时降温，得到顺酐改性环氧丙烯酯预聚物。

（3）有机硅改性水性光固化环氧－丙烯酸预聚物的制备：将步骤（2）制得的反应体系的温度降至25～35℃，保持上述转速，缓慢滴加有机硅单体，滴加时间为0.5～1h，滴加完毕后升温至80～90℃，保温反应1～2h；然后将体系降温至室温，加入三乙胺，接着升温至50～60℃，反应0.5～1h后，加水，升高搅拌速率至800～1000r/min，搅拌0.5～1h，制得有机硅改性水性光固化环氧－丙烯酸预聚物。

（4）有机硅改性水性光固化环氧－丙烯酸涂料的制备：然后降低搅拌速率为200～350r/min，在上述反应体系中加入光引发剂，搅拌30～60min，制得有机硅改性水性光固化环氧－丙烯酸涂料。在使用时，将上涂料涂布于金属板上，置于50～60℃烘箱中，待干燥后，高压汞灯光照固化成膜。

原料介绍 所述环氧树脂为E－44、E－54、E－51中的一种。

所述不饱和酸酐为马来酸酐和顺四氢苯酐中的一种。

所述有机硅单体为KH－186、KH－1871、KH－1872中的一种。

所述水性光引发剂为Irgacure500、Irgacure1173、Irgacure754中的一种。

所述阻聚剂为对苯二酚、对羟基苯甲醚以及甲基氢醌中的一种。

产品应用 本品主要用作罩面清漆，属于水性光固化领域。

产品特性

（1）本产品利用具有环氧基团的有机硅氧烷与水性光固化环氧丙烯酸酯预聚物的羧基进行开环反应，在侧链引入有机硅氧烷。有机硅氧烷既可以与预聚物中羧基反应，又可以发生自身水解缩合，提高了交联点，改善水性光固化环氧丙烯酸酯树脂的耐水性以及硬度、附着力、摆杆硬度等力学性能。

（2）水性光固化环氧丙烯酸酯涂料中由于Si—O—Si的引入，涂料的柔韧性以及拒水性都有一定的提高。

配方53 装饰型水性聚氨酯涂料

原料配比

原料	配比（质量份）
硬脂酸钙	0.4
凹凸棒土	1
2－硫醇基苯并咪唑	0.2
六甲基磷酰三胺	0.7
石油磺酸钡	0.2
氰尿酸锌	0.1
四氯化钛	10
六水三氯化铁	0.3
28%的过氧化氢溶液	30
聚ε－己内酯二醇	600
异佛尔酮二异氰酸酯	470
丙酮	20

续表

原料	配比（质量份）
二羟甲基丙酸	13
二甘醇	4
辛酸亚锡	0.1
三乙胺	5
六氟乙酰丙酮	0.1
邻苯二甲酸酐	1

制备方法

（1）将上述凹凸棒土加入其质量60~70倍的水中，加入上述三乙胺质量的3%~4%，在60~70℃下保温30~40min，与上述硬脂酸钙混合，送入加热炉中，200~300℃下加热至水干，出料冷却，磨成细粉；

（2）将上述四氯化钛加到其质量80~100倍的水中，在3~5℃下搅拌混合20~30min，加入六水三氯化铁，搅拌条件下滴加浓度为5%~6%的氨水溶液，调节pH值为8~8.6，静置30~40min，抽滤，将滤饼水洗3~4次，常温干燥，得掺杂沉淀；

（3）将上述步骤（1）得到的细粉料与掺杂沉淀混合，搅拌均匀，加入混合料质量10~13倍的水中，加热到80~90℃，加入上述邻苯二甲酸酐，保温搅拌20~30min，过滤，将沉淀在70~80℃下真空干燥20~30min，得复合掺杂沉淀；

（4）将上述复合掺杂沉淀加到其质量100~120倍的水中，超声分散3~5min，加入上述28%~30%的过氧化氢溶液，磁力搅拌30~40min，送入沸水浴中，恒温加热3~5h，得掺杂钛溶胶；

（5）将上述2-硫醇基苯并咪唑加入其质量6~10倍的无水乙醇中，搅拌溶解，加入石油磺酸钡，送入70~80℃的水浴中，保温20~30min，出料冷却，与上述二甘醇混合，搅拌均匀，为混合醇溶液；

（6）将上述聚ε-己内酯二醇在100~110℃下真空脱水10~15min，冷却至30~40℃，通入氮气，加入上述异佛尔酮二异氰酸酯，升高温度为80~90℃，恒温搅拌1.6~2h，加入上述丙酮质量的20%~30%，降低温度为30~40℃，加入上述掺杂钛溶胶、二羟甲基丙酸，升高温度为76~80℃，保温反应40~50min，降低温度为40~50℃，依次加入剩余的丙酮、混合醇溶液、辛酸亚锡，缓慢升高温度为70~75℃，保温反应5~6h，冷却至常温，倒入乳化桶中，加入剩余各原料，搅拌均匀，加入体系质量30%~40%的水，在转速1200~1700r/min下搅拌16~20min，得装饰型水性聚氨酯涂料。

产品应用 本品主要是一种装饰型水性聚氨酯涂料。

使用方法：将需要涂覆的基材加到本产品的钛掺杂水洗聚氨酯涂料中，浸润10~20min，取出后置于常温下通风4~5d，再在46~50℃下干燥6~10h，即可。

产品特性

（1）本产品的涂膜具有很好的拉伸强度：高力学稳定性的粒子成为固定位点，限制了基体分子链的运动，从而提高拉伸强度，纳米粒子在基体中分散均匀，材料受到外力拉伸时形成受力中心，能够引发更多的银纹，消耗大量的能量，起到补强的作用，因此将纳米二氧化钛加到有机聚合物中可以提高有机基底的力学性能，提高涂膜的拉伸强度。

（2）本产品的涂膜具有很好的紫外线吸收能力及自清洁性能：Fe^{3+}掺杂纳米二氧化钛溶胶在可见光下具有最强的光催化性能，能够明显提高涂膜的抗紫外线性能；同时可以利用其光催化降解能力将表面附着的污染物降解去除，因此也具有很好的自清洁性能。

（3）本产品的涂料具有很好的装饰性，表面柔韧性好，质感强。

配方 54　紫外线固化水性塑胶涂料

原料配比

原料			配比（质量份）				
			1#	2#	3#	4#	5#
聚氨酯丙烯酸酯预聚体			30	35	25	35	35
活性稀释剂			20	20	30	20	20
光引发剂			4	2	6	3	3
流平剂			0.4	0.1	0.5	0.3	0.3
分散剂			0.3	0.1	0.5	0.3	0.3
消泡剂			0.3	0.1	0.5	0.3	0.3
水			45	40	45	45	45
聚氨酯丙烯酸酯预聚体	二异氰酸酯	甲苯二异氰酸酯	25	—	—	—	—
		二环己基甲烷二异氰酸酯	—	30	—	—	—
		二苯甲烷二异氰酸酯	—	—	58	—	—
		对苯二亚甲基二异氰酸酯	—	—	—	45	—
		异佛尔酮二异氰酸酯	—	—	—	—	45
	二元醇	聚己内酯二元醇	65	—	—	35	35
		聚醚二元醇	—	45	—	—	—
		聚碳酸酯二元醇	—	—	67	—	—
	多羟基羧酸	二羟甲基丙酸	6	3	—	—	—
		二羟甲基丁酸	—	—	9	5	9
	催化剂	二月桂酸二丁基锡	0.1	0.1	0.1	0.1	0.1
	烯类封端剂	甲基丙烯酸羟乙酯	6	—	—	—	—
		丙烯酸羟乙酯	—	2	—	—	—
		丙烯酸羟丙酯	—	—	—	45	25
		季戊四醇三丙烯酸酯	6.2	9.5	30	—	—
	阻聚剂		0.07	0.07	0.1	0.1	0.1
	三乙胺		4.5	2.3	7	3	6

制备方法　按照质量百分含量称取如上组分。将所述聚氨酯丙烯酸酯预聚体和所述活性稀释剂搅拌混合10～20min，搅拌速率为300～400r/min；加入40～60℃的所述水搅拌乳化10～30min，搅拌速率为400～600r/min。接着在持续搅拌的条件下，加入

流平剂、分散剂和消泡剂，得到外线固化涂料。

原料介绍 所述活性稀释剂为己二醇二丙烯酸酯。

所述光引发剂选自1-羟基环己基苯甲酮、2,4,6-三甲基苯甲酰基-二苯基氧化膦、2-羟基-2-甲基苯丙酮、2-羟基-2-甲基-对羟乙基醚基苯基丙酮-1、2-甲基-1-（4-甲硫基苯基）-2-吗啉基-1-丙酮及2-异丙基硫杂蒽酮中的至少一种。

所述流平剂为BYK-346和BYK-349中的至少一种。

所述分散剂为Tego192。

所述消泡剂为BYK-028、BYK-093中的一种或两种的混合物。

所述聚氨酯丙烯酸酯预聚体的制备步骤：在保护性气体的条件下，按上述配比，将二元醇加入二异氰酸酯中于50~70℃搅拌反应3~4h，得到第一反应液；在所述第一反应液中加入多羟基羧酸和催化剂，于70~80℃搅拌反应1~2h，得到第二反应液，其中，所述催化剂与所述多羟基羧酸的质量比为（0.1~1）:（3~8）；于50~60℃在所述第二反应液中加入阻聚剂和烯类封端剂，反应1h后，升温至75℃，加入丙酮继续反应3~4h，得到第三反应液，其中，所述阻聚剂与所述烯类封端剂的质量比为（0.1~0.5）:（9~60）；降温至40~50℃，在所述第三反应液加入三乙胺反应0.5~1h，得到所述聚氨酯丙烯酸酯预聚体。

所述二异氰酸酯选自甲苯二异氰酸酯、二环己基甲烷二异氰酸酯、二苯甲烷二异氰酸酯、对苯二亚甲基二异氰酸酯及异佛尔酮二异氰酸酯中的至少一种。

所述二元醇选自聚己内酯二元醇、聚醚二元醇及聚碳酸酯二元醇中的至少一种。

所述多羟基羧酸为二羟甲基丙酸及二羟甲基丁酸中的至少一种。

所述催化剂为二月桂酸二丁基锡。

所述烯类封端剂选自甲基丙烯酸羟乙酯、丙烯酸羟乙酯、丙烯酸羟丙酯及季戊四醇三丙烯酸酯中的一种或一种以上混合物。

所述阻聚剂为对甲氧基苯酚。

产品应用 本品主要是一种紫外线固化水性塑胶涂料。

产品特性

（1）本品的活性稀释剂己二醇二丙烯酸酯对聚氨酯丙烯酸酯预聚体具有很好的渗透溶胀效果，它的加入增加了涂料在塑胶板上的附着力。

（2）本品不需使用任何乳化剂，即可获得粒径小、稳定性高、成膜性、黏附性好的水性UV涂料，有效避免了传统乳化剂对涂料耐水性及稳定性的影响。

配方55 自洁型水性聚氨酯涂料

原料配比

原料	配比（质量份）
四氯化钛	10
六水三氯化铁	0.3
28%的过氧化氢溶液	30
聚ε-己内酯二醇	600

续表

原料	配比（质量份）
异佛尔酮二异氰酸酯	470
丙酮	20
二羟甲基丙酸	13
二甘醇	4
辛酸亚锡	0.1
三乙胺	5

制备方法

(1) 将上述四氯化钛加入其质量 80～100 倍的水中，在 3～5℃下搅拌混合 20～30min，加入六水三氯化铁，搅拌条件下滴加浓度为5%～6%的氨水溶液，调节pH值为8～8.6，静置30～40min，抽滤，将滤饼水洗3～4次，常温干燥，得掺杂沉淀；

(2) 将上述掺杂沉淀加入其质量100～120倍的水中，超声分散3～5min，加入上述28%～30%的过氧化氢溶液，磁力搅拌30～40min，送入沸水浴中，恒温加热3～5h，得掺杂钛溶胶；

(3) 将上述聚 ε－己内酯二醇在 100～110℃下真空脱水 10～15min，冷却至 30～40℃，通入氮气，加入上述异佛尔酮二异氰酸酯，升高温度为80～90℃，恒温搅拌1.6～2h，加入上述丙酮质量的20%～30%，降低温度为30～40℃，加入上述掺杂钛溶胶、二羟甲基丙酸，升高温度为76～80℃，保温反应40～50min，降低温度为40～50℃，依次加入剩余的丙酮、二甘醇、辛酸亚锡，缓慢升高温度为70～75℃，保温反应5～6h，冷却至常温，倒入乳化桶中，加入三乙胺，搅拌均匀，加入体系质量30%～40%的水，1200～1700r/min 搅拌 16～20min，得自洁型水性聚氨酯涂料。

产品应用 本品主要是一种自洁型水性聚氨酯涂料。

使用方法：将需要涂覆的基材加到本产品的钛掺杂水洗聚氨酯涂料中，浸润10～20min，取出后置于常温下通风4～5d，再在46～50℃下干燥6～10h，即可。

产品特性

(1) 本产品的涂膜具有很好的拉伸强度：高力学稳定性的粒子成为固定位点，限制了基体分子链的运动，从而提高拉伸强度，纳米粒子在基体中分散均匀，材料受到外力拉伸时形成受力中心，能够引发更多的银纹，消耗大量的能量，起到补强的作用，因此将纳米二氧化钛加到有机聚合物中可以提高有机基底的力学性能，提高涂膜的拉伸强度。

(2) 本产品的涂膜具有很好的紫外线吸收能力及自清洁性能：Fe^{3+}掺杂纳米二氧化钛溶胶在可见光下具有最强的光催化性能，能够明显提高涂膜的抗紫外线性能；同时可以利用其光催化降解能力将表面附着的污染物降解去除，因此也具有很好的自清洁性能。

配方 56 阻燃水性聚氨酯涂料

原料配比

原料		配比（质量份）			
		1#	2#	3#	4#
改性聚氨酯树脂		85	88	86	87
水性酚醛树脂		15	12	14	13
水性丙烯酸树脂		7	10	8	9
膨润土		6	3	5	4
沸石粉		15	18	16	17
硅藻土		16	13	15	14
滑石粉		12	15	13	14
增稠剂		4	2	3.5	2.5
流平剂		3	5	3.5	4.5
消泡剂		2	1	1.8	1.2
防腐剂		1	2	1.5	1.8
颜料		3	2	2.6	2.4
改性聚氨酯树脂	有机磷聚酯多元醇	65	68	66	67
	三聚苯二亚甲基二异氰酸酯	55	52	54	53
	新戊二醇	5	4	4.5	4.3
	乙二胺基乙磺酸钠	3	5	3.5	4.5
	季戊四醇和 *N*, *N* – 二甲基甲酰胺	6	4	5.5	4.5
	邻苯基苯酚钠	1.1	1.4	1.2	1.3
	N – 乙基二乙醇胺	3	4	3.2	3.4
	双（2 – 羟丙基）苯胺	7	5.5	6.5	6
三聚苯二亚甲基二异氰酸酯	苯二亚甲基二异氰酸酯	46	49	47	48
	N – 三丁基锡咪唑	6	3	5	4
	四乙氧基硅烷	7	10	8	9
	月桂酸铋	1.5	1	1.4	1.2
有机磷聚酯多元醇	2 – 磷酸基 – 1, 2, 4 – 三羧基丁烷	32	35	33	34
	1, 6 – 己二醇	38	35	37	36
	三丁基氧化锡	3	4	3.5	3.8

制备方法 将各组分原料混合均匀即可。

原料介绍 所述改性聚氨酯树脂按如下步骤制备：按上述配比，将有机磷聚酯多元醇和三聚苯二亚甲基二异氰酸酯混合均匀后，升温至 77 ~ 80℃，保温 4 ~ 4.6h，降温后加入新戊二醇、乙二胺基乙磺酸钠、季戊四醇和 *N*, *N* – 二甲基甲酰胺混合均匀，再加入邻苯基苯酚钠，升温至 75 ~ 78℃，保温 5.5 ~ 6.5h 得到第一物料；将第一物料降温至 30 ~ 40℃后，再滴加 *N* – 乙基二乙醇胺和双（2 – 羟丙基）苯胺的溶液，升温至 72 ~ 75℃，保温 3.5 ~ 4.5h 得到第二物料；将第二物料调节 pH 至中性后，真空脱除 N, N－二甲基甲酰胺得到改性聚氨酯树脂。

所述改性聚氨酯树脂的制备方法中，三聚苯二亚甲基二异氰酸酯按如下方法制备：按上述质量份将苯二亚甲基二异氰酸酯和 N－三丁基锡咪唑混合，通入 N_2 保护，升温至 92～95℃，在升温过程中不停搅拌，保温 1.7～2h 得到物料 a；将四乙氧基硅烷和月桂酸铋混合后，加入水中得到物料 b：将物料 a 和物料 b 混合均匀，升温至 53～56℃，保温 2.2～2.5h，真空蒸馏得到三聚苯二亚甲基二异氰酸酯。

所述改性聚氨酯树脂的制备方法中，有机磷聚酯多元醇的制备方法如下：按质量份将 2－磷酸基－1,2,4－三羧基丁烷和 1,6－己二醇混合后，通入 N_2 作为保护气体，接着升温至 107～110℃，保温 1.5～1.8h，再加入 3～4 份三丁基氧化锡，升温至 165～168℃，保温 4～5h，真空保温 2～3h 得到有机磷聚酯多元醇。

产品应用 本品主要是一种阻燃水性聚氨酯涂料。

产品特性 本产品采用改性聚氨酯树脂、水性酚醛树脂和水性丙烯酸树脂作为成膜物质，不仅具有高光泽、高硬度、抗降解及耐候性良好，而且耐水、耐热、防火阻燃性能优秀，附着力高，干燥速度快；而膨润土作为本产品的防沉助剂，大幅改善了本产品的稠度和防触变性，使本产品中的成膜物质和填充补强剂分布均匀，大大延长了本产品的使用寿命和保存时间；膨润土还与沸石粉、硅藻土、滑石粉作为填充物，使本产品在固化后具有优异的强度、韧性、防水、抗老化、耐磨和耐腐蚀能力；膨润土、沸石粉、硅藻土和滑石粉具有庞大的比表面积、表面多介孔结构和极强的吸附能力，不仅使本产品在固化后可吸附空气中的有害粉尘，还使本产品具有良好的阻燃性能。

配方 57 阻燃水性聚氨酯涂料

原料配比

原料	配比（质量份）				
	1#	2#	3#	4#	5#
水性聚氨酯树脂	77	80	78	79	78.5
水性丙烯酸树脂	16	13	15	14	14.5
水性三聚氰胺甲醛树脂	9	12	10	11	10.5
硅溶胶	16	13	15	14	14.5
膨润土	2	3	2.3	2.6	2.5
硅藻土	8	5	7	6	6.7
电气石粉	3	5	3.5	4.5	4
麦饭石粉	20	17	19	18	18.5
滑石粉	25	28	26	27	26.5
重质碳酸钙	18	15	17	16	16.5
云母粉	12	15	13	14	13.5
膨胀珍珠岩	16	13	15	14	14.5
硼酸钙	8	11	9	10	9.5
三聚磷酸铝	18	15	17	16	16.5
流平剂	5	6	5.4	5.8	5.6

续表

原料	配比（质量份）				
	1#	2#	3#	4#	5#
分散剂	9	6	8	7	7.8
抗菌剂	2	3	2.5	2.8	2.6
消泡剂	4	3	3.7	3.4	3.5
润湿剂	5	6	5.5	5.7	5.6
水	150	120	140	130	135

制备方法 将各组分原料混合均匀即可。

产品应用 本品主要是一种阻燃水性聚氨酯涂料。

产品特性 本产品具有优异的附着力、防腐、耐水性能，硬度高，而且耐候、耐磨、耐热阻燃性能优异，加工工艺性能优良，固化成膜后的涂层力学性能优异。

参考文献

中国专利公告

CN－201510865402.2

CN－201510865391.8

CN－201510865421.5

CN－201510865406.0

CN－201510865542.X

CN－201610211950.8

CN－201610211951.2

CN－201610211949.5

CN－201510865543.4

CN－201510620686.9

CN－201610039239.9

CN－201510702935.9

CN－201610178861.8

CN－201610181266.X

CN－201510831210.X

CN－201510717785.9

CN－201610465168.9

CN－201610465207.5

CN－201610372340.6

CN－201510678807.5

CN－201610375705.0

CN－201510888572.2

CN－201510682203.8

CN－201610287195.1

CN－201510723109.2

CN－201510574508.7

CN－201610034484.0

CN－201510873313.2

CN－201610008028.9

CN－201510682457.X

CN－201510865392.2

CN－201610407007.4

CN－201510770866.5

CN－201510992801.5

CN－201510662281.1

CN－201510888494.6

CN－201511028497.9

CN－201510682190.4

CN－201510682312.X

CN－201510888877.3

CN－201510865538.3

CN－201510865516.7

CN－201510865394.1

CN－201610134312.0

CN－201510857064.8

CN－201610235536.0

CN－201610405913.0

CN－201610401977.3

CN－201610091764.5

CN－201510877394.3

CN－201610355106.2

CN－201510877383.5

CN－201510599974.0

CN－201610366955.8

CN－201510812928.4

CN－201510703988.2

CN－201510708218.7

CN－201610312761.X

CN－201610091765.X

CN－201610277303.7

CN－201510807495.3

CN－201610008690.4

CN－201610087194.2

CN－201610277302.2

CN－201510626912.4

CN－201610274936.2

CN－201610045627.8

CN－201510678422.9

CN－201510817968.8

CN－201510828245.8

CN－201610330297.7

CN－201610382937.9

CN－201510918471.5

CN－201510875630.8

CN－201610124247.3

CN－201510723225.4

CN－201510743832.7

CN－201510829596.0

CN－201610075964.1

CN－201510912692.1

CN－201610344716.2

CN－201510682567.6

CN－201510814835.5

CN－201510581523.4

CN－201610261991.8

CN－201510608205.2

CN－201510998137.5

CN－201610338514.7

CN－201510608246.1

CN－201510779311.7

CN－201610172191.9

CN－201510682331.2

CN－201610279950.1

CN－201510779538.1

CN－201610281785.3

CN－201510682201.9

CN－201510780959.6
CN－201610236357.9
CN－201610279949.9
CN－201610279948.4
CN－201610236119.8
CN－201510613427.3
CN－201610039707.2
CN－201511005146.6
CN－201510608204.8
CN－201510678312.2
CN－201510669551.1
CN－201510967253.0
CN－201510831154.X
CN－201510730694.9
CN－201510817552.6
CN－201610143904.9
CN－201510724722.6
CN－201510678278.9
CN－201610256618.3
CN－201610157558.X
CN－201510610378.8
CN－201610264080.0
CN－201510694914.7
CN－201610312372.7
CN－201511009876.3
CN－201610367981.2
CN－201610340951.2
CN－201610163833.9
CN－201510854139.7
CN－201610216510.1
CN－201510669494.7
CN－201510796365.4
CN－201610279925.3
CN－201610411073.9
CN－201510770448.6
CN－201610279923.4
CN－201511018709.5
CN－201511005107.6
CN－201511016972.0